Der Berglemming

Lemmus lemmus

2. unveränd. Auflage, Nachdruck
der 1. Auflage von 1980

Mit 38 Abbildungen

Kai Curry-Lindahl

W Die Neue Brehm-Bücherei Bd. 526
V Westarp Wissenschaften · Magdeburg · 1995
Spektrum Akademischer Verlag · Heidelberg · Berlin · Oxford

Originalarbeit für die Neue Brehm-Bücherei
Aus dem Schwedischen übersetzt von Ingeborg HANSSON, Helsingborg
Originaltitel: Fjällämmel

Die Deutsche Bibliothek — CIP-Einheitsaufnahme

Curry-Lindahl, Kai:
Der Berglemming: Lemmus lemmus / von Kai Curry-Lindahl.
[Aus dem Schwed. übers. von Ingeborg Hansson]. –
2., unveränd. Aufl., Nachdr. der 1. Aufl. von 1980. –
Magdeburg: Westarp-Wiss.; Heidelberg: Spektrum Akad. Verl., 1995
  (Die Neue Brehm-Bücherei; Bd. 526)
  ISBN 3-89432-848-7
NE: GT

Alle Rechte vorbehalten, insbesondere die der
fotomechanischen Vervielfältigung oder Übernahme
in elektronische Medien, auch auszugsweise.

© 1995 Westarp Wissenschaften,
Wolf Graf von Westarp, Magdeburg

Publiziert in Zusammenarbeit mit
Spektrum Akademischer Verlag, Heidelberg

Druck und Bindung: Hartmann, Ahaus

Vorwort

Bergheiden und Tundren im hohen Norden sind nicht nur wegen ihrer einmaligen Landschaft faszinierende Gebiete. Trotz ihrer relativ einfachen und artenarmen Pflanzen- und Tierwelt gibt es hier eine große Anzahl ungelöster ökologischer und biologischer Probleme. Die interessantesten Tiere dieser Gegenden sind die Berglemminge, die seit Jahrhunderten das Erstaunen der Menschen selbst in Gegenden hervorgerufen haben, die weit entfernt von den Vorkommensgebieten dieses kleinen Nagetiers liegen. Der Berglemming unterliegt sehr starken Bestandsveränderungen, die man unter Säugetieren in diesem Ausmaß sonst nur in vom Menschen stark beeinflußten Bereichen findet, wo ökologisch komplexe Lebensräume zu Monokulturen vereinfacht wurden. Dieser Vergleich darf nicht zu dem Gedanken führen, daß die Bergheiden und Tundren so uniform und ökologisch verarmt sind, wie die Monokulturen des Menschen. Weit gefehlt! Trotz ihrer relativ einfachen biologischen Struktur weist die Bergheide eine bedeutende Umweltvariation auf.

Der Berglemming ist in vieler Hinsicht ein Tier, das nicht nur aufgrund seiner regelmäßigen Populationsschwankungen von wenigen Exemplaren zu wahrhaften „Überschwemmungen" im Verlauf einiger weniger Jahre einmalig ist, sondern auch wegen seiner übrigen Lebensgewohnheiten. Bis in die letzten Jahre waren viele Aspekte der Biologie und der Ökologie des Berglemmings unbekannt. Dies beruhte zu einem großen Teil darauf, daß die Art die meiste Zeit ihres Lebens unter der Schneedecke zubringt, wo es nicht leicht ist, Beobachtungen vorzunehmen. Untersuchungen in den letzten Jahren haben unerwartete und erstaunliche Eigenheiten des Berglemmings enthüllt. Es gibt aber immer noch ungelöste Rätsel, von denen die regelmäßige Periodizität der Populationsfrequenz die meisten Fragen hervorruft.

Dieses Buch baut teils auf eigene Beobachtungen (veröffentlichte und unveröffentlichte) über den Berglemming vorwiegend während der 60er Jahre, als die rhythmischen „Lemmingjahre" nach einer 20jährigen Unterbrechung erneut auftraten, und teils auf vorhandene Literatur auf. Vor allem die in Finnland von Prof. Olavi K a l e l a und seinen Mitarbeitern durchgeführten Untersuchungen haben die Kenntnisse über den Berglemming wesentlich erweitert.

Es werden auch Vergleiche mit den nächsten Verwandten des Berglemmings in Sibirien, Alaska und Kanada gezogen, die ich in den dortigen Tundren antreffen konnte, und über die nunmehr eine umfassende Dokumentation vorliegt.

Mehrere Forscher haben mir liebenswürdigerweise mit Angaben aus ihren Untersuchungsgebieten geholfen, wofür ich Dr. Seppo L a h t i , Helsinki, Dr. Svein M y r b e r g e t , Oslo, Prof. Frank A. P i t e l k a , Berkeley, USA, und Dr. Robert R a u s c h , Fairbanks, Alaska, danke.

Stockholm, Frühjahr 1980   Kai C u r r y - L i n d a h l

Inhaltsverzeichnis

1. Wer ist der Berglemming? ... 7
2. Die Kulturgeschichte des Berglemmings ... 9
3. Die Verwandtschaftsverhältnisse des Berglemmings und seine Verbreitung ... 11
   - 3.1. Systematik ... 11
   - 3.2. Verbreitung ... 14
4. Der Berglemming als zwischeneiszeitliches Relikt und Eiszeitüberwinterer in Skandinavien ... 15
5. Das Aussehen des Berglemmings, seine Physiologie und seine Laute ... 30
   - 5.1. Aussehen ... 30
   - 5.2. Haarwechsel ... 32
   - 5.3. Größe ... 33
   - 5.4. Physiologie ... 33
   - 5.5. Laute ... 33
6. Die Biotope des Berglemmings ... 34
   - 6.1. Flechtenzone ... 36
   - 6.2. Weidenzone ... 38
   - 6.3. Birkenwaldregion ... 39
   - 6.4. Nadelwaldregion ... 40
   - 6.5. Das Verhalten des Berglemmings zu den Wirbeltieren seiner Biotope ... 40
7. Verhalten ... 42
   - 7.1. Aktivitätsperioden ... 42
   - 7.2. Lebensgewohnheiten ... 43
   - 7.3. Gangsystem, Winter- und Sommernester ... 46
   - 7.4. Exkremente ... 49
   - 7.5. Die Aggressivität des Berglemmings ... 49
   - 7.6. Beziehungen zueinander und Revier ... 52
8. Nahrung ... 56
9. Fortpflanzungspotential ... 58
   - 9.1. Geschlechtsreife ... 60
   - 9.2. Kopulation ... 62
   - 9.3. Trächtigkeitszeit ... 63
   - 9.4. Fortpflanzungszeiten ... 63
   - 9.5. Zahl der Jungen ... 64
     - 9.5.1. Sommerwürfe ... 65
     - 9.5.2. Winterwürfe ... 65
     - 9.5.3. Die Entwicklung der Jungen ... 66
10. Gradation des Berglemmings ... 67
11. Populationsdichte und Biomasse ... 71
12. Ortswechsel im Frühjahr und Herbst ... 72
    - 12.1. Frühjahrswanderung ... 75
    - 12.2. Herbstwanderung ... 77
    - 12.3. Orientierung ... 78

13.	Lang- und Massenwanderungen	80
	13.1. Definition der verschiedenen Wanderungen	82
	13.2. Langwanderungen	82
	13.3. Massenwanderungen	88
	13.4. Distanzen	90
	13.5. Periodizität	91
	13.6. Ursachen der Wanderzüge	91
14.	Populationszusammenbrüche	95
	14.1. Nahrungsmangel	97
	14.2. Feinde	98
	14.3. Andere ökologische Todesursachen	99
	14.4. Epidemische Krankheiten	100
	14.5. Streß und populationsregulierende Mechanismen	101
	14.6. Zusammenfassung	103
15.	Ein Lemmingjahr in Skandinavien	103
	15.1. Andere Kleinnager in der gleichen Gebirgsgegend 1960	107
16.	Das Verhältnis des Berglemmings zu Raubtieren, Greifvögeln und Eulen	108
17.	Die Periodizität des Berglemmings	111
	17.1. Lemmingstatistik in Fennoskandien und anderen Gebieten	113
	17.2. Theorien	116
	17.2.1. Meteorologische, klimatische und kosmische Faktoren	117
	17.2.2. Feinde	119
	17.2.3. Krankheiten	120
	17.2.4. Nahrung	121
	17.2.5. Streß, Populationsdichte und Selbstregulation der Bestände	122
	17.2.6. Schutzmöglichkeiten	125
	17.2.7. Zusammenfassung	125
18.	Literatur	128
19.	Register	137

1. Wer ist der Berglemming?

Wenige Tiere prägen ihre Umwelt in dem Ausmaß, wie es der Berglemming in einem „Lemmingjahr" tut. Für naturinteressierte Besucher im Gebirge ist der Eindruck während eines solchen Jahres unvergeßlich. Beinahe überall hört und sieht man Säugetiere und Vögel. Lemminge tauchen in der Moosdecke auf, in der sie in ihren schmalen Gängen entlangstürzen oder in der Seggenvegetation rascheln. Das Fauchen, Murmeln und Knirschen des kleinen Nagers ist ständig zu hören. Hermeline, Füchse und Eisfüchse sieht man öfter als in anderen Jahren. Dies gilt auch für Eulen, Greifvögel, Falkenraubmöwen, Raben und Raubwürger. Zu diesen haben sich in den letzten Jahren im Gebirge auch Sturmmöwen und Silbermöwen gesellt. Alle jagen sie Berglemminge oder Rötelmäuse, die gewöhnlich ebenfalls große Bestände aufweisen, wenn der Lemming gedeiht. Dieses reiche Tierleben und diese auffällige Aktivität Tag und Nacht stehen in starkem Kontrast zu der Situation in dem gleichen Gebiet in anderen Jahren, wo man kaum die Spur eines Berglemmings sieht und nur wenige andere Säugetiere und Vögel beobachtet, die während des „Lemmingjahres" so zahlreich waren. Es ist besonders das Phänomen der periodischen und scheinbar plötzlichen Häufigkeit der Berglemminge, das seit Jahrhunderten und auch heute noch das Interesse der Menschen findet.

Der Berglemming ist auch in anderer Hinsicht als aufgrund seines periodischen Massenauftretens von Interesse. Sein Charakter und sein Auftreten gegenüber Menschen in „Lemmingjahren" ist nicht mit dem Verhalten anderer Nagetiere zu vergleichen. Auch sein Aussehen ist eigen. Sein vermutliches Überleben in Skandinavien während der letzten Eiszeit macht ihn zum ältesten unter den skandinavischen Wirbeltieren. Seine Fortpflanzungsfähigkeit, seine Populationsausbrüche, umfangreichen Wanderungen und das plötzliche Absinken der Bestände sind in vieler Hinsicht einmalig und haben die Forschung vor noch ungeklärte Rätsel gestellt. All dieses sowie mehrere andere Eigenschaften machen den Berglemming zu einem interessanten Säugetier.

Dazu kommt, daß das Verhalten der Berglemmingpopulationen sowie physiologische und endokrinologische Reaktionen während der Übervölkerungsperioden mehrere Parallelen mit dem Menschen in entsprechenden Situationen zeigt. Die bis jetzt vorhandenen Fakten über den Berglemming reichen für eine naturwissenschaftliche Arbeit aus. Dazu kommt die Unzahl Legenden, die sich im Verlauf der Jahrhunderte um den Berglemming gesponnen haben. Ein Teil beruht auf falsch aufgefaßten Tatsachen, ein anderer Teil ist reine Phantasie.

Das plötzliche Massenauftreten der Berglemminge, ihre Wanderungen, die an manchen Plätzen zu Masseninvasionen in Dörfer und Städte führten, ihr „Selbstmord" durch Hinausschwimmen in große Seen, Fjorde oder das

Meer, wo sie ertranken, ihre Angriffslust gegenüber Menschen und ihre Bissigkeit sowie andere Eigenheiten führten zu eingewurzelten Auffassungen und Mißdeutungen, die Generationen hindurch weiterlebten und sich zu einem festen Aberglauben entwickelt haben.

So wird vielerorts in Norwegen, Schweden und Finnland noch immer behauptet, daß die Berglemminge giftig seien, nicht nur durch ihren Biß, sondern auch, wenn man sie berührt oder sie ißt; daß sie bei ihren Wanderungen niemals einem Geländehindernis in Form von Steilhängen, Schluchten, weiten Gewässern und Gletschern ausweichen; daß sie toll und daher gefährlich sind (Tollwut). In vielen Gegenden werden sie noch immer „des Teufels Läuse" genannt. Das letztgenannte Beiwort beruht darauf, daß die Menschen früher glaubten, daß die Lemminge vom Teufel geschickt waren, um die Menschen von der Erde zu vertreiben.

Selbst heute noch habe ich Menschen getroffen, die ernsthaft behaupten, daß sich die Berglemminge nicht wie andere Tiere fortpflanzen, sondern nur in manchen Jahren vorkommen. Ein ganzer Teil dieses Aberglaubens kann einen wirklichen Hintergrund haben. Daß ein Biß zu Vergiftungen führen kann (Starrkrampf), ist auch von anderen Tieren bekannt, ohne daß diese giftig sein müssen. Daß Berglemminge Brunnen „vergiftet" haben, in denen sie ertrunken sind, ist genauso möglich, wie stehende Kleingewässer durch verwesende Körper anderer Tiere beeinträchtigt werden.

Obwohl die Menschen heute in Fragen der Tierwelt aufgeklärt sind, scheinen sich abergläubische Auffassungen um Berglemminge genauso zäh zu behaupten, wie das der Fall bei Fledermäusen und Schlangen ist. Diese Tiere scheinen wie wenig andere die Phantasie der Menschen auf eine negative Weise zu beeinflussen.

Nicht nur in Nordeuropa gab es Legenden um die Lemminge. Ähnliche Geschichten werden von Nordamerika gemeldet; inwieweit diese jedoch von Europäern in die Neue Welt importiert wurden oder ihren Ursprung in Nordamerika haben, ist unklar. Es wird erzählt, daß in Alaska und Kanada Lemminge beobachtet wurden, die in Massen über die Tundren und Eisflächen wanderten oder weit draußen auf dem Meer auf Eisschollen trieben, jedoch liegen hierüber keine wissenschaftlichen Berichte vor.

Die übertriebenen Berichte um den Berglemming sind also sehr zahlreich. Gleichzeitig muß aber gesagt werden, daß es in Nordamerika noch immer Forscher gibt, die noch 1964 und 1973 der Meinung waren, daß weder in Nordamerika noch in Europa Massenwanderungen der Lemminge vorkommen. Bezüglich Europa ist dies falsch und steht im Widerspruch zu den übrigen Behauptungen. So einfach verhält es sich nicht, es liegt aber auch daran, was man unter „Massenwanderungen" versteht. Wir werden später versuchen, diesen Begriff zu klären.

2. Die Kulturgeschichte des Berglemmings

Zweifellos ist der Berglemming die berühmteste Tierart in Skandinavien. Seit Jahrhunderten sind Gerüchte um dieses kleine Nagetier weit über die Grenzen des Verbreitungsareals der Art hinaus in die Welt gedrungen. Der Berglemming hat daher auch eine Kulturgeschichte, was für ein Nagetier merkwürdig ist, dessen hauptsächlicher Aufenthaltsort im Gebirge oberhalb der Baumgrenze liegt, weit entfernt von menschlichen Niederlassungen.

Der Berglemming kommt in den norwegischen und isländischen Sagen vor (die letzteren sind aber norwegischen Ursprungs, denn man findet die Art auf Island nicht), es ist jedoch umstritten, inwieweit die Darstellungen richtig sind. Auf jeden Fall wird die Art im 12. Jahrhundert in einer norwegischen Bibelübersetzung erwähnt, in der die Heuschreckenplage in Ägypten mit den Lemmingen im Heimatland verglichen wird.

Im Mittelalter wurden Informationen um Berglemminge an verschiedenen Stellen in Europa aufgezeichnet und gedruckt. Der deutsche Geograph Jakob Z i e g l e r veröffentlichte 1532 in Straßburg eine Studie über den Berglemming, die auf Erzählungen aufbaute, die der Verfasser in Rom von zwei Bischöfen aus Nidaros gehört hatte. Er berichtete, daß die Lemminge bei Stürmen und Unwetter „wie Heuschrecken in ungeheuren Schwärmen" in einer unerhörten Anzahl aus der Luft herunterfallen, daß deren Biß giftig ist, daß jedes Kraut, das von ihren Zähnen berührt wird, vergiftet wird und eingeht, daß sie sich in Schwärmen sammeln wie die Schwalben, wenn sie in den Süden ziehen, und daß sie massenweise sterben, wenn das Gras zum zweitenmal im Sommer zu wachsen beginnt und daß ihre Kadaver Krankheiten verursachen (Gelbsucht). Olaus M a g n u s , der 1532 auf seiner Flucht nach Rom kam, veröffentlichte 1555 sein im Exil geschriebenes riesiges Werk über die nordischen Völker. Olaus M a g n u s ' Angaben über den Berglemming scheinen jedoch hauptsächlich auf Z i e g l e r s aufzubauen.

24 Jahre später veröffentlichte der Deutsche Jakob K r u g e r eine Schrift, in der er berichtet, wie Berglemminge im gleichen Jahr (1579) in Norwegen im September und Oktober „aus der Luft auf die Erde und die Häuser" sowie ins Wasser in und um Bergen gefallen seien. Dies hatten deutsche Kaufleute erlebt, die bei der Rückkehr in die Heimat Lemminge als Beweis mit sich führten. Das Gerücht von der Zeugung der Lemminge in der Luft war in Europa weit verbreitet. 1599 „bestätigte" Peder C l a u s s o n F r i i s , daß die Berglemminge aus dem Weltraum fielen; jedoch machte er die für die damalige Auffassung wichtige Berichtigung, er habe von glaubwürdigen Gewährsmännern erfahren, daß, obwohl die Lemminge in manchen Jahren aus den Wolken regnen, sie nicht dort geboren werden. Sie haben, schrieb C l a u s s o n , ihren Ursprung in Büschen und anderen Plätzen, wo sie etwas wachsen und danach in den Himmel gezogen werden und sich dort unter Einfluß von Sonne und Nebel weiterentwickeln.

Olaus W o r m i u s entwickelte in seiner 1653 veröffentlichten Historia Animalis die Theorie über den Jugendabschnitt der Berglemminge in der Luft weiter. Ihm erscheint es möglich, daß die Art im Embryo-Stadium „in

Übereinstimmung" mit Fröschen und anderen Kleintieren von den Wolken angezogen wird, sich in diesen entwickelt und schließlich als ausgewachsene Tiere auf die Erde fallen.

In seiner 1673 veröffentlichten Lapponia schreibt Johannes S c h e f f e r u s, daß die Lemminge Selbstmord begehen und daß sie sich mitunter in Armeen teilen, die miteinander Krieg führen.

In den Aufzeichnungen über den Marsch der Karoliner Armfelts über die Grenzberge zwischen Jämtland und Norwegen im August 1718 berichtet der zeitgenössische Jöran N o r d b e r g : „Nach Aussage des Volkes sollen die Wolken, die über die Berge streichen, ein Ungeziefer hinterlassen, das die Einwohner Bergmäuse oder Lemminge nennt; diese sind faustgroß, behaart wie Meerschweinchen und giftig"!

Es ist interessant, daß man die gleichen Legenden über den kosmischen Ursprung der Lemminge bei den Eskimos sowohl auf Grönland als auch in Alaska wiederfindet. In diesen Fällen handelt es sich um zwei andere Lemmingarten. Der Name, den die Eskimos einem dieser Lemminge gegeben haben, bedeutet „der vom Weltraum".

Aus dem 17. und 18. Jahrhundert liegen, wie auch vom 16. Jahrhundert, mehrere Angaben von Augenzeugen vor, die in Norwegen gesehen haben wollen, wie es Lemminge aus den Wolken regnete.

Carl L i n n a e u s machte als Erster den Versuch, der verbreiteten Auffassung ein Ende zu bereiten, daß die Berglemminge vom Himmel fallen. Dies geschah 1740 in einem Aufsatz „Anmärkning öfver de diuren som sägas komma neder utur skyarna i Norrige" („Anmerkung über die Tiere, die in Norwegen aus den Wolken kommen sollen"). In einem anderen Zusammenhang schreibt L i n n a e u s über die Wanderungen der Berglemminge in schnurgerader Richtung und daß sie, wenn sie um einen größeren Steinblock herumgegangen sind, auf der anderen Seite in genau derselben Richtung wie vorher weiterziehen. Der Engländer P e n n a n t berichtet im 17. Jahrhundert, daß die Lemminge in parallelen Reihen mit einem Meter Abstand marschieren, daß es für sie kein Hindernis gibt und daß sie von der Halbinsel Kola kommen.

In Norwegen wurden die Berglemminge wie die Pest gefürchtet. Man war der Ansicht, daß sie Unglück und schlechte Ernte verkündeten. Im 16. Jahrhundert hielt man jedes Jahr eine Fastenzeit und in den Kirchen wurden Gebete verlesen, um die Invasion von Lemmingen abzuwenden.

Erst im 19. Jahrhundert begannen die Berichte über die Berglemminge von phantasiereicher „Kulturgeschichte" zu exakter Naturgeschichte überzugehen. Der englische Jäger Llewellyn L l o y d, der die schwedische Tierwelt des vergangenen Jahrhunderts eindringlich schilderte, veröffentlichte 1854 seine „Scandinavian Adventures", in denen er im großen und ganzen korrekte Angaben über die Berglemminge machte, doch sind diese noch immer mit vielen alten Auffassungen gemischt.

Der norwegische Zoologe Robert C o l l e t t widmete sich als erster ernstlich dem wissenschaftlichen Studium der Berglemminge. Seine Arbeiten, die am Ende des 19. Jahrhunderts und um die Jahrhundertwende veröffentlicht wurden, waren in vieler Hinsicht grundlegend. Es ist jedoch bezeichnend, daß vieles über den Berglemming erst in den 60er Jahren unseres Jahrhunderts entdeckt wurde und daß noch immer viele Fragen bestehen.

3. Verwandtschaftsverhältnisse des Berglemmings und seine Verbreitung

3.1. Systematik

Der Berglemming ist ein Nagetier, das zur Familie der Hamster und Wühlmäuse gehört (Cricetidae), und er ist außer mit seinen Verwandten unter den anderen Lemmingarten am nächsten mit den Wühlmäusen verwandt. Mit den letzteren bilden die Lemminge die Unterfamilie Microtinae, die auf der nördlichen Halbkugel unter den kleinen pflanzenfressenden Säugetieren dominiert.

Die Verwandtschaftsverhältnisse des Berglemmings gehen am deutlichsten aus der folgenden Systematik hervor.

Ordnung	Nagetiere (Rodentia)
Unterordnung	Mäuseverwandte (Myomorpha)
Familie	Wühler (Cricetidae)
Unterfamilie	Wühlmäuse (Microtinae)
Gattungsgruppe	Lemminge (Lemmini)
Gattung	Halsbandlemminge *(Dicrostonyx)*
Arten	Halsbandlemming *(D. torquatus)*. Arktisches Asien und Nordamerika einschließlich Grönland Labradorlemming *(D. hudsonius).*, Labrador
Gattung	Mauslemminge *(Synaptomys)*
Arten	zwei Arten in Nordamerika
Gattung	Waldlemminge *(Myopus)*
Art	Waldlemming *(M. schisticolor)*. Nördliches Eurasien
Gattung	Echte Lemminge *(Lemmus)*
Arten	Berglemming *(L. lemmus)*. Fennoskandien (einschließlich Halbinsel Kola). Sibirischer Lemming oder Ob-Lemming *(L. sibiricus sibiricus)*, und Brauner Lemming *(L. trimucronatus)*. Nördliche Sowjetunion östlich des Weißen Meeres, nördliches Sibirien östlich bis Kamtschatka sowie nördliches Alaska und Kanada. Neusibirischer Lemming *(L. novosibiricus)*. Neusibirische Inseln und Ljachow-Inseln.

Die taxonomischen Auffassungen über die Arten oder/und Unterarten der Gattung *Dicrostronyx* sind geteilt. Auch die Auffassung über die verschiedenen Arten und Unterarten der Gattung *Lemmus* ist nicht einheitlich. L i n n a e u s beschrieb 1758 den Berglemming als *L. lemmus* und K e r r den Sibi-

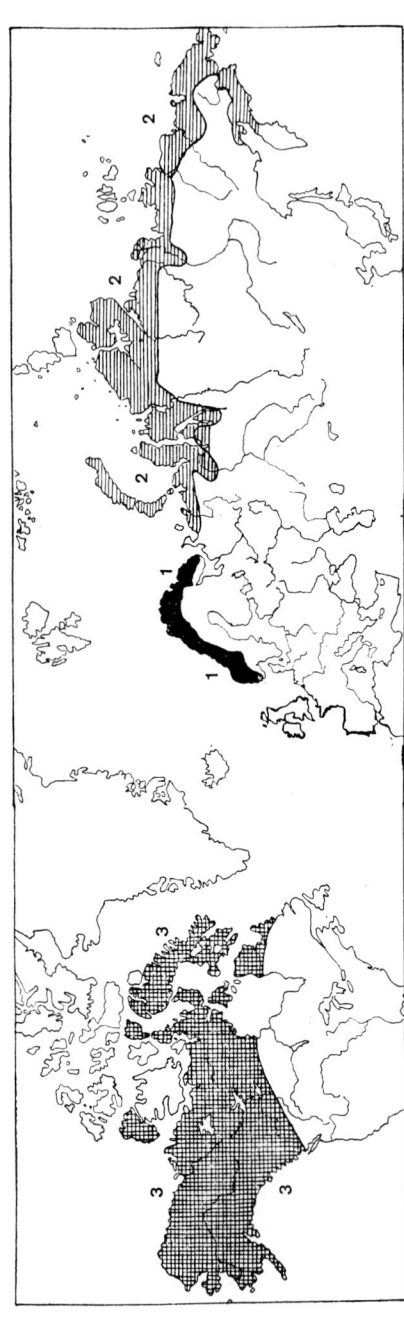

Abb. 1. Die Verbreitung des Berglemmings in Fennoskandien und auf der Halbinsel Kola (1), des Sibirischen Lemmings (2) in Eurasien und des Braunen Lemmings (3) in Nordamerika. Nach S. I. O g n e v 1963 und W. H. B u r t 1952

rischen Lemming 1792 als *L. sibiricus*. In ihren Nagetierklassifizierungen, die auf Revisionen umfangreichen Materials aufbauen, nahmen E l l e r m a n n (1940) und E l l e r m a n n und M o r r i s o n - S c o t t (1951) die beiden paläarktischen *Lemmus* als verschiedene Arten an. O g n e w (1948) und G r o m o w (1963) waren der Meinung, daß die Gattung in Eurasien drei Arten hat: *L. lemmus, L. obensis* (= *L. sibiricus*) und *L. amurensis*. S i d o r o w i c z (1960) führte eine vergleichende kraniologische Untersuchung der eurasischen Vertreter der Gattung *Lemmus* durch. Er kam zu dem Ergebnis, daß der Berglemming und der Sibirische Lemming Unterarten der gleichen Art sind, und daß auch der Neusibirische Lemming (der 1924 als eine Unterart des *L. sibiricus* von W i n o g r a d o w beschrieben wurde) eine zur gleichen Gruppe gehörende Unterart bildet. Der letztgenannte Lemming ist größer als der Sibirische Lemming und anders gefärbt als dieser, außerdem verändert er die Farbe zu einem weißen Winterpelz. Diese geographisch isolierte Form unterscheidet sich in vielem von den anderen *Lemmus*-Arten.

Bezüglich des amerikanischen Braunen Lemmings (*L. trimucronatus*) haben O g n e w (1948), E l l e r m a n n und M o r r i s o n - S c o t t (1951), R a u s c h (1953), C u r r y - L i n d a h l (1962a, 1963c), S i d o r o w i c z (1964) sowie K r i v o s h e e v und R o s s o l i m o (1966) die Ansicht geäußert, daß er eine Unterart des *L. sibiricus* ist. Folglich gehören, wenn man S i d o r o w i c z's und R a u s c h's Daten akzeptiert, alle *Lemmus*-Formen zur gleichen Art und sind sowohl in der Alten als auch der Neuen Welt verbreitet.

Jedoch können S i d o r o w i c z's Folgerungen (1960) über die Taxonomie des Berglemmings, wie er auch selbst betont, nicht ohne weiteres akzeptiert werden. Sie wurden von C u r r y - L i n d a h l (1962a, 1963c) sowie von K r i v o s h e e v und R o s s o l i m o (1966) diskutiert. Der skandinavische Berglemming weist mehrere von *L. sibiricus* (der nach S i d o r o w i c z also *L. lemmus sibiricus* heißen sollte) abweichende Züge auf. Farbe und Zeichnung sind unterschiedlich, wozu die große Variation des Berglemmings kommt, die man beim Oblemming nicht findet. Es erscheint außerdem so, als ob auch biologische und ökologische Unterschiede vorliegen. Freilich sind Farbe und Zeichnung in systematischer Hinsicht in gewissen Fällen unsichere Charakteristiken im Verhältnis zu osteologischen Daten, besonders wenn es um eine Diskussion des Artenniveaus geht; wenn aber distinkte und stabile außenmorphologische Kennzeichen nicht mehr als Kriterium für eine Art gelten sollen, dann würde ein bedeutender Teil der Kleinnagersystematik zusammenbrechen. Es ist im Gegensatz zu dem, was S i d o r o w i c z schreibt, so, daß sichtbare morphologische Charakteristiken, wenn sie so deutlich wie im Fall *Lemmus* abweichen, als anwendbare Kriterien für die Artendifferenzierung angesehen werden, während anatomische Unterschiede höhere systematische Einheiten gründen (vgl. M a y r, L i n s l e y und U s i n g e r 1953, S i m p s o n 1961). Hinzu kommt, daß der Berglemming und der Sibirische Lemming unbestreitbar seit langer Zeit geographisch voneinander isoliert sind. Unter allen Umständen haben diese unterschiedlichen Auffassungen keinen Einfluß auf den Namen des Berglemmings. Dieser verbleibt *L. lemmus*. Man kann sagen, daß es eine Frage der Auffassung ist, ob man den Berglemming als eine Art ohne Unterarten oder als Unterart einer Art mit weiter Verbreitung auf der nördlichen Hemisphäre betrachtet.

Der Berglemming weist außer den genannten Unterschieden weitere biologische und ökologische Charakteristiken auf, die ihn von den anderen Lemmingen der Gattung *Lemmus* unterscheiden. Er gräbt zum Beispiel nicht so viel wie die anderen Arten, seine Aggressivität ist völlig einmalig und wirklich artcharakteristisch und zugleich von großer biologischer Bedeutung.

Zu den Einwendungen (C u r r y - L i n d a h l 1962a), die gegen S i d o r o - w i c z ' Klassifizierung des Berglemmings angeführt wurden, können weitere Gesichtspunkte gestellt werden. Die Säugetiersystematik baut in hohem Maße auf der Annahme auf, daß die Schädelgröße innerhalb einer Population genetisch kontrolliert und für Individuen des gleichen Alters gleich ist. Es hat sich jedoch gezeigt, daß bei vielen Kleinnagern mit ausgeprägt periodischen Populationsschwankungen sowohl die Schädel- als auch die Körpergrößen von Individuen einer Art bei gleichem Alter sehr verschieden sein können, eine Folge unterschiedlicher Zuwachsgeschwindigkeiten bei Jungen, die zu verschiedenen Zeitpunkten des Jahres bzw. innerhalb des Populationszyklus geboren wurde. Dies gilt zum Beispiel für die Polarrötelmaus (*Clethrionomys rutilus*) und die Erdmaus (*Microtus agrestis*) (M a n n i n g 1956, N e w - s o m e und C h i t t y 1962) und wurde in besonders hohem Grad beim Braunen Lemming (K r e b s 1964) und dem Berglemming (K o p o n e n 1970) festgestellt. Die kraniologischen Daten von S i d o r o w i c z (1960) für den Berglemming werden dadurch ungewiß.

Bei Laboratoriumsexperimenten in Alaska gelang es R a u s c h und R a u s c h (1975) Berglemminge und Braune Lemminge zu kreuzen, die mehrere Würfe brachten. In diesen Hybridwürfen waren die Männchen oft steril, die Weibchen aber meist fruchtbar. Diese Versuche deuten darauf hin, daß die beiden Arten einander sehr nahestehen und doch Artunterschiede vorhanden sind. Bei späteren zytologischen Untersuchungen desselben Forscherpaares zeigte das Resultat, daß die Chromosomen bei *L. lemmus* und *L. sibiricus* sowohl morphologisch als auch in der Anzahl unterschiedlich sind. Diese Daten haben R a u s c h und R a u s c h (1975) dazu veranlaßt, sich der Auffassung des Verfassers (1962a, 1963b) anzuschließen, daß der Berglemming eine distinkte Art ist. Auch K r i v o s h e e v und R o s s o l i m o (1966) teilen diese Ansicht.

3.2. V e r b r e i t u n g

Das Vorkommen des Berglemmings in Skandinavien, Finnland und auf der Halbinsel Kola beschränkt sich in normalen Jahren auf die Bergheiden und Tundren oberhalb der Baumgrenze, aber selbst dort findet man ihn nicht überall ständig. Die Verbreitung ist also selbst in den optimalen Lebensstätten flexibel. In einigen Gebieten kommt der Berglemming in wechselnder Anzahl über lange Zeiträume vor, während er in anderen Gebieten (besonders auf isolierten Bergen) einige Jahre zu finden ist und danach örtlich ausstirbt. Es kann dann Jahrzehnte dauern, bevor er im Zusammenhang

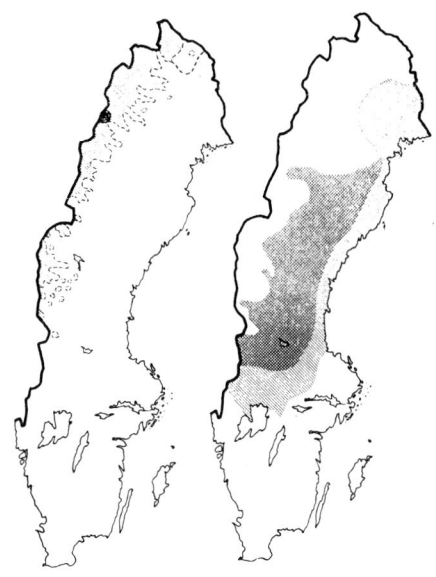

Abb. 2. Die Verbreitungsgebiete des Berglemmings und des Waldlemmings in Schweden komplettieren einander und zeigen, daß die ersteren zum Gebirge gehören und die letzteren zum Nadelwald. Die gestrichelte Linie im Norden bezeichnet ein Gebiet, das 1960 von wandernden Berglemmingen ausgefüllt wurde. Die schwarzen Teile zeigen das Gebiet, das 1960 den dichtesten Bestand an Berglemmingen in der schwedischen Gebirgskette aufwies. Nach K. Curry-Lindahl 1975

mit Wanderzügen wieder dort auftaucht. In Jahren mit Massenvermehrungen kann der Berglemming hinunter in die Birkenwald- und Nadelwaldregionen wandern; besonders in Norwegen und auf der Halbinsel Kola gelangt er bis an die Küsten.

In Schweden kommt der Berglemming in der ganzen Gebirgskette vor, vom nördlichen Dalarna bis ins nördlichste Lappland. In Wanderjahren hat man die Art weit außerhalb des normalen Verbreitungsgebietes angetroffen; sie kann in manchen Jahren die nordländische Küstenlandschaft erreichen.

In Norwegen kommt der Berglemming auch in den südlichsten Bergen auf gleicher Breite mit dem Vättersee in Schweden vor, was bedeutet, daß er sehr viel südlicher anzutreffen ist, als irgendeine andere Lemmingart. Auch im südlichen Norwegen ist die skandinavische Gebirgskette ein Vorposten der Arktis.

4. Der Berglemming als zwischeneiszeitliches Relikt und Eiszeitüberwinterer in Skandinavien

Die Lemminge können fossil bis in die Zeit des oberen Pliozäns belegt werden, d. h. bis vor ungefähr 2 bis 3 Millionen Jahre, wo sie zumindest in Nordamerika vorkamen. Die eurasischen Lemminge mußten während der pleistozänen Vereisungen mehrere Male südwärts ziehen. Fossilreste der Gattungen *Lemmus* oder/und *Dicrostonyx* wurden zum Beispiel auf den Britischen Inseln, in Mitteleuropa, Belgien, Frankreich und Portugal gefunden.

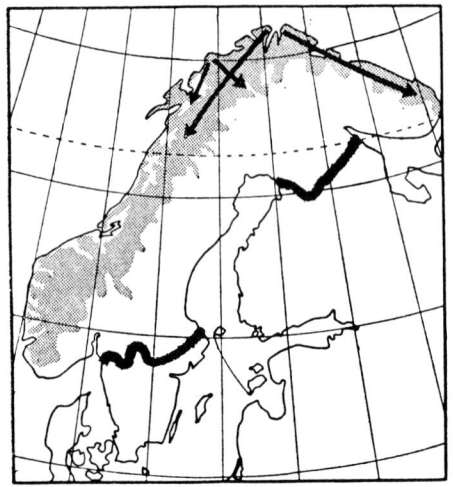

Abb. 3. Die Ausbreitung des Berglemmings ist im großen und ganzen identisch mit den Heiden und tundraähnlichen Plateaus oberhalb der Baumgrenze. Es wird angenommen, daß die Verbreitung nach den Eiszeiten (= Pfeile) von möglicherweise niemals vereisten Gebieten der West- und Nordküste Norwegens ausging. Dicke Linien geben an, wie weit die Art auf Wanderungen nach Süden kam. In Norwegen und auf der Halbinsel Kola bildet die ganze Küste die Grenze für Wanderungen. Nach K. Curry-Lindahl 1958

Nach Funden in Mitteleuropa zu urteilen, scheint es, als ob die beiden Lemminggattungen der Tundra in den Eiszeiten ihren Lebensraum periodisch mit dem Grauhamster *(Cricetulus migratorius)* teilten, der heute auf den Grassteppen im südöstlichen Europa und südwestlichen Asien (K o w a l s k i 1967) zu finden ist. Während der Eiszeit waren Tundra und Steppe südlich der Eisdecke benachbart.

Wenn sich das Eis zurückzog, folgten die Lemminge nordwärts in der Tundra, die dem Eisrand folgte. Es ist jedoch nicht sicher, ob der Berglemming auch von dem letzten Eisvorstoß hinunter nach Europa aus Skandinavien verdrängt wurde. Das fossile Pleistozänmaterial des *Lemmus* aus Mittel- und Südeuropa erlaubt keine Artbestimmung. Es ist daher nicht klar, ob der Berglemming und der Sibirische Lemming oder nur einer der beiden während der letzten Eiszeit südlich der Eisdecke vorkamen. Verschiedenes deutet darauf hin, daß nur der Sibirische Lemming dort lebte. Hätte der Berglemming zur mitteleuropäischen Tundrenfauna gehört, die mit dem großen Landeis nordwärts zog, dürfte er jetzt nicht auf den Tundren im Nordosten der europäischen UdSSR und Sibirien fehlen. Und da *Dicrostonyx* während der Eiszeit zusammen mit dem Sibirischen Lemming in Zentraleuropa lebte, müßte er ja, wenn der Berglemming das gleiche getan hätte, zusammen mit letzterem auf die skandinavische Halbinsel eingewandert sein können. Daß der Berglemming den nördlichen Teil der RSFSR und Sibirien über die Halbinsel Kola von der skandinavischen Gebirgskette aus nicht erreicht hat, kann damit erklärt werden, daß das Weiße Meer sowohl im Sommer als auch im Winter eine effektive Barriere darstellt.

Diese und andere Indizien veranlaßten Sven E k m a n (1920, 1922) bereits vor mehr als 50 Jahren zu der Annahme, daß der Berglemming in der letzten Zwischeneiszeit in Skandinavien lebte und während der letzten Eis-

Abb. 4. Mit Steinen übersäter Moränenboden auf dem arktischen Hochplateau Luottolako, Sarek-Nationalpark, Lule Lappmark, Lappland, Ungefähr 1300 m NN. Während der Periode 1943—1974 wurden dort, außer 1957, bei jedem Besuch Berglemminge oder deren Spuren gefunden (1943, 1946, 1957, 1959—1961, 1964—1965, 1967, 1969, 1973—1974), sie waren aber nur 1960 zahlreich. 1957 war der Luttolako noch Mitte Juli völlig schneebedeckt, und es konnten keine Anzeichen von Berglemmingen unter der Schneedecke wahrgenommen werden. 19. Juli 1974. Aufn. K. Curry-Lindahl

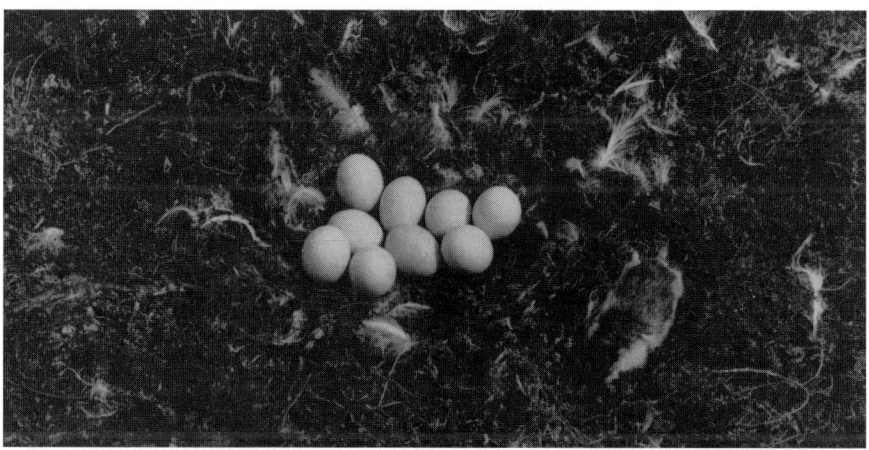

Abb. 5. Das Nest einer Schnee-Eule *(Nyctea scandiaca)* mit einem erbeuteten Berglemming, den das Männchen dem Weibchen überlassen hatte. Hochebene Råstonselkä, Torne Lappmark, Lappland. 4. Juni 1960. Aufn. K. Curry-Lindahl

Abb. 6. Das arktische Hochplateau Luottolako liegt völlig in der Flechtenzone und ist während der ganzen Vegetationsperiode feucht. Im Vordergrund Biotope des Berglemmings. Sarek-Nationalpark, Lule Lappmark, Lappland. 21. Juli 1964. Aufn. K. Curry-Lindahl

Abb. 7. Tundraähnliche Hochebene mit Grasheiden und Inseln mit Zwergbirken und Weiden. Im Hintergrund Sautsofjeld (1120 m NN.), Biotope des Berglemmings. Torne Lappmark, Lappland. 16. Juni 1949. Aufn. K. Curry-Lindahl

Abb. 8. Im Lemmingjahr 1960 waren die Berglemminge in diesen feuchten Biotopen mit Weiden und Seggen zahlreich, der Polarbirkenzeisig *(Carduelis hornemanni)* ist der nächste Nachbar. Hochebene Sautso, Torne Lappmark, Lappland. 15. Juni 1949. Aufn. K. C u r r y - L i n d a h l

Abb. 9. Auf dem Sandrücken im Vordergrund fanden sich im Lemmingjahr 1960 Berglemminge und Wölfe. Auf dem hellen Stein auf der hinteren Landzunge sitzt ein brütender Rauhfußbussard *(Buteo lagopus)* im Nest. Hochebene Sautso, Torne Lappmark, Lappland. 3. Juni 1960. Aufn. K. C u r r y - L i n d a h l

Abb. 10. Zwergstrauchheide, im Winter von Berglemmingen bewohnt, mitunter auch im Sommer. In manchen Jahren zieht die Population hinunter in die Weidenzone zu den Mooren um Kaitumjaure. Sjaunja Vogelschutzgebiet, Lule Lappmark, Lappland. 3. August 1969. Aufn. K. Curry-Lindahl

Abb. 11. Weidenbiotope des Berglemmings unterhalb des Pältsafjeld, Schwedens nördlichster Punkt an der Grenze zu Norwegen und Finnland. Das Bild wurde um Mitternacht aufgenommen. Torne Lappmark, Lappland. 30. Juni 1959. Aufn. K. Curry-Lindahl

Abb. 12. Berglemmingbiotope im Weidengürtel des Sarvestals, Sarek-Nationalpark, Lule Lappmark, Lappland. 18. Juli 1960. Aufn. K. Curry-Lindahl

Abb. 13. Zwergstrauchheiden bei Pirtimusjärvi, Biotope des Berglemmings. Vorherrschender Vegetationstyp ist die Krähenbeere *(Empetrum hermaphroditum)*. Torne Lappmark, Lappland. 2. Juni 1961. Aufn. K. Curry-Lindahl

Abb. 14. Bergheide mit Zwergbirken und Grauweiden in der Weidenzone bei Låotakjaure. Auf dem Grasbuckel sitzt eine Falkenraubmöwe (*Stercorarius longicaudus*), die sich zum großen Teil von Berglemmingen ernährt. Sarek-Nationalpark, Lule Lappmark, Lappland. 4. Juli 1957. Aufn. K. Curry-Lindahl

Abb. 15. Biotope des Berglemmings in der Weidenzone mit Zwerggesträuch, Zwergbirken und feuchten Flecken mit Segge. Marsivagge bei Ammarfjeld, Lycksele Lappmark, Lappland. 17. August 1961. Aufn. K. Curry-Lindahl

Abb. 16. Moos- und weidenreicher Bergbirkenwald *(Betula tortuosa)* wird in Wanderjahren von dem Berglemming als Biotop genutzt. Vuojattal, Stora Sjöfallet-Nationalpark, Lule Lappmark, Lappland. 18. August 1961. Aufn. K. C u r r y - L i n d a h l

Abb. 17. In dem partiellem Lemmingjahr **1950** bewohnten die Berglemminge die Grasheiden in einem Bergbirkental zwischen Hamrafjeld und Rutfjeld, Härjedalen. 17. Juni 1951. Aufn. K. C u r r y - L i n d a h l

Abb. 18. Der moosreiche Bergbirkenwald im Vietastal beherbergte in Wanderjahren Berglemminge, die sich dort im Verlauf des Sommers vermehrten. Stora Sjöfallet-Nationalpark, Lule Lappmark, Lappland. 16. Juli 1964. Aufn. K. Curry-Lindahl

Abb. 19. Von Berglemmingen im Lemmingjahr 1960–1961 besetztes Gebiet in der hochgelegenen Nadelwaldregion im unteren Vietastal. Urwald mit Fichten *(Picea abies)* und Kiefern *(Pinus silvestris)*. Stora Sjöfallet-Nationalpark, Lule Lappmark, Lappland. 14. Juli 1961. Aufn. K. Curry-Lindahl

Abb. 20. Zwergstrauchreicher Kiefernurwald im Vietastal, einer anderen Lebensstätte des Berglemmings im Lemmingjahr 1960–1961. Stora Sjöfallet-Nationalpark, Lule Lappmark, Lappland. 16. Juli 1961. Aufn. K. C u r r y - L i n d a h l

Abb. 21. Die Moore mit Seggen und Wollgras *(Eriophorum)* im Grenzgebiet zwischen Birkenwald- und Nadelwaldregion wurden 1960 und 1961 vorübergehend von Berglemmingen ausgenutzt. Dieses Gebiet ist jetzt zur Wasserregulierung eingedeicht. Zwischen Nieras und Satisjaure, Stora Sjöfallet-Nationalpark, Lule Lappmark, Lappland. 16. Juli 1961. Aufn. K. C u r r y - L i n d a h l

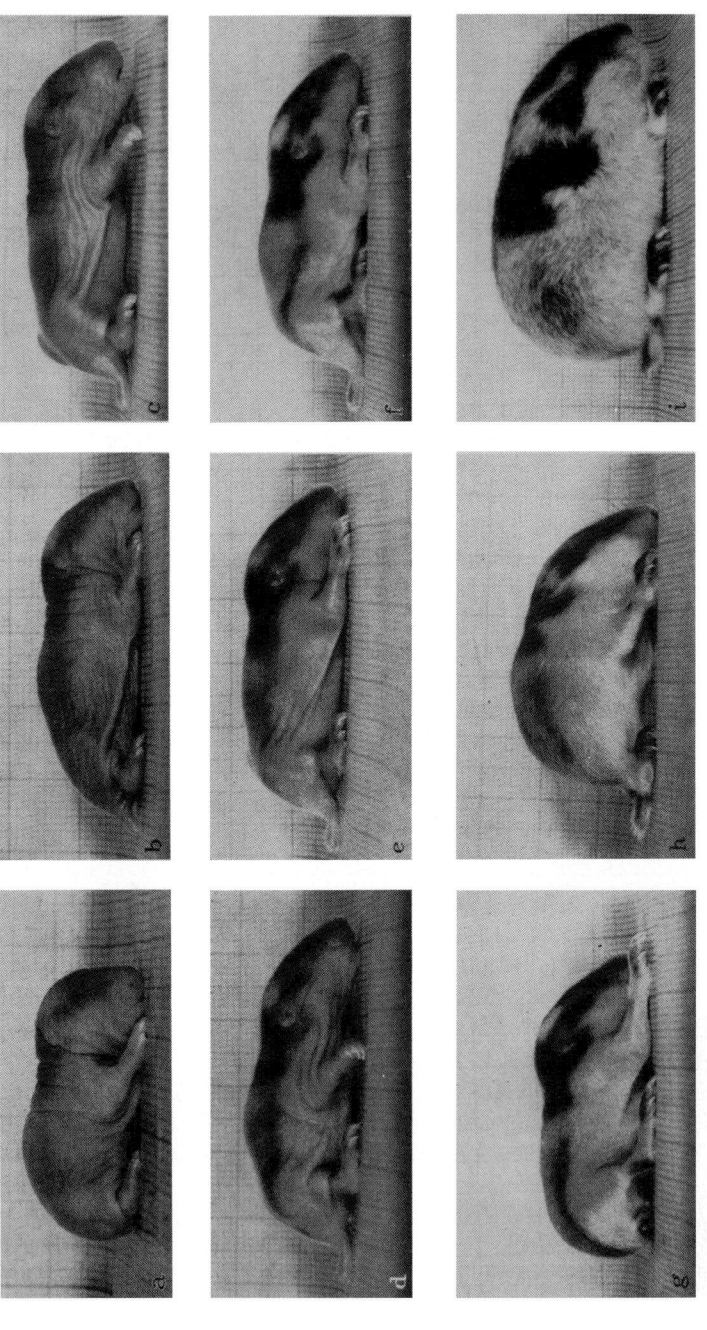

Abb. 22. Jugendentwicklung des Berglemmings. a. Neugeboren, b. 2. Tag, c. 3. Tag, d. 4. Tag, e. 5. Tag, f. 6. Tag, g. 7. Tag, h. 9. Tag, i. 12. Tag. Aufn. F. Frank

Abb. 23. Berglemming auf der Bergheide in der Flechtenzone vor der Frühjahrswanderung. Auffallend ist der kontrastreiche dichte Pelz des Tieres. Stour Jerva, Pite Lappmark, Lappland. 11. Juni 1961. Aufn. K. C u r r y - L i n d a h l

Abb. 24. Berglemming in Grauweidengebüsch *(Salix glauca* und *S. lapponum)* in der Weidenzone. Dies ist ein typischer Sommerbiotop. Hochebene Rostonselkä, Torne Lappmark, Lappland. 4. Juni 1960. Aufn. K. C u r r y - L i n d a h l

Abb. 25. Zwei Berglemminge treffen einander: Nasenkontrolle wird vorbereitet, und diese kann entscheidend dafür sein, ob es zu einer Konfrontation kommt oder zu friedlichem Zusammensein

Abb. 26. Ein Berglemmingmännchen (links) trifft ein Weibchen: das Weibchen weist das Männchen ab, indem es eine Abwehrstellung einnimmt. Vergleiche Abb. S. 52. Norwegen. Aufn. G. C. C l o u g h

zeit auf eisfreien Gebieten an der norwegischen West- oder/und Nordküste blieb.

Es ist aus vielen biologischen Gründen wahrscheinlich, obwohl die Geologen und mehrere Biologen noch immer daran zweifeln, daß es während der letzten Vergletscherungsperiode eisfreie Zufluchtsorte gab. Diese dienten als Refugien für die Pflanzen und Tiere, die während der letzten Zwischeneiszeitperiode durch das kälter werdende Klima und die sich mehr und mehr ausbreitende Eisdecke aus dem Inneren Skandinaviens vertrieben wurden. Beim Höhepunkt der Expansion des Inlandeises hatten sich diese Lebensformen in den immer kleiner werdenden Randgebieten am Meer zusammengefunden. Auf diesen schmalen Strandstreifen überlebten viele Pflanzenarten und vermutlich auch Tiere. Für letztere kann man dies jedoch nicht überzeugend beweisen, was auf deren größerer Verbreitungsmöglichkeit nach dem Rückzug des Eises beruht.

Einer der wahrscheinlichen Eiszeitüberwinterer unter den Wirbeltieren ist der Berglemming, dessen heutige Verbreitung sich anders nicht erklären ließe. Die Lebensbedingung in diesen eiszeitlichen Zufluchtsstätten brauchte nicht einmal hocharktisch gewesen zu sein. Vermutlich bildeten die Birken stellenweise Wälder. Die Lebensmöglichkeiten auf den eisfreien Küstengebieten Norwegens entsprachen vermutlich denen in den entsprechenden Küstenstreifen des heutigen Grönlands, dessen Inneres immer noch mit Inlandeis bedeckt ist.

Man besitzt noch keine Fossilfunde aus den west- und nordnorwegischen Gebieten, von denen man glaubt, daß sie während der letzten Eiszeit eisfrei waren. Der endgültige Beweis für die Auffassung, daß der Berglemming ein zwischeneiszeitliches Relikt und ein „Eiszeitüberwinterer" ist, fehlt also noch. Aber andere Anzeichen sprechen dafür. Die Art hat ein sehr isoliertes Verbreitungsgebiet innerhalb der Gebirgsgegenden Fennoskandiens, während andere Arten über weitgestreckte Gebiete südlich der Polarkappe verbreitet sind. Der Berglemming berührt nirgends die Gebiete seiner Verwandten (der Waldlemming gehört zu einer anderen Gattung und ist kein Bergtier, siehe Abbildung 2) und bildet im Gegensatz zu diesen keine Unterarten. Die Art ist in der Tat das einzige Landwirbeltier in Nordeuropa mit einer so geringen Verbreitung und ist daher auch von großem geographischem Interesse.

Die systematische und tiergeographische Sonderstellung des Berglemmings wirkt jedoch weniger eigen im Hinblick auf die nunmehr ziemlich allgemein anerkannte Theorie, daß es die Art in der Interglazialzeit in Skandinavien gab, daß sie die folgende Vergletscherung auf den eisfreien west- und nordnorwegischen Küstengebieten überlebte und während der Spät- und Nacheiszeit in Verbindung mit der Klimaverbesserung und der Eisschmelze ihr Gebiet hinauf in das Gebirge verschob. Daraus ist abzuleiten, daß der Berglemming in seiner Isolierung seit der letzten Zwischeneiszeit, und vielleicht schon noch viel länger, ausreichend Zeit hatte, sich von seiner Stammform — vermutlich dem Sibirischen Lemming, der mit seinen Unterarten ein riesiges Verbreitungsgebiet bewohnt — fort zu entwickeln und eine eigene Art zu bilden. Der Berglemming ist das einzige endemische Landwirbeltier in Nordeuropa und nimmt somit eine zoogeographisch einmalige Position ein, unabhängig davon, ob man ihn als Art oder Unterart betrachtet.

Die Vergletscherungsperioden auf der nördlichen Hemisphäre waren für die Artbildung aufgrund der Teilung des früheren Verbreitungsgebietes durch Eismassen von großer Bedeutung. Die Trennungszeit währte durch wiederholte Vergletscherungen für manche auf diese Weise geteilte Populationen so lange, daß sie sich nicht nur zu Unterarten, sondern sogar verschiedenen Arten entwickelten. Unter den Wirbeltieren gibt es in Skandinavien nur einen Fall einer eventuellen Artbildung: den Berglemming.

Um die Sonderstellung des Berglemmings zu verstehen, müssen wir mit einigen Worten allgemeiner auf die Evolution und Unterarten- und Artenbildung bei Tieren eingehen. Im Verlauf von Jahrtausenden verändern sich die Tierarten durch geographische Isolierung, Konkurrenz und Auswahl in verschiedener Weise, und eine Anpassung in der einen oder der anderen Richtung tritt ein. Eine Tierart, die während langer Zeiträume in einem eng begrenztem Gebiet und nur in diesem verbreitet war, weist in der Regel keine Veränderungen zwischen den Individuen der Populationen auf und bildet keine Unterarten. Andere Arten dagegen, die über große Gebiete verbreitet sind, haben im Verlauf der Zeit geographische Rassen bilden können, die sich auf verschiedene Weise von der Population des ursprünglichen Verbreitungsgebietes unterscheiden. Eine Art kann auch in verschiedene Varianten ändern, die sich unterschiedlichen Umweltbedingungen anpassen, sogenannte Ökotypen, die, wenn die Differenzierung sehr weit gegangen ist, sich zu Unterarten entwickeln können. Wenn eine Unterart sehr lange von ihrer Stammform isoliert war, können ihre Eigenschaften so eigen geworden sein, daß ein deutlicher Artunterschied vorliegt. Dieser ist bei einem eventuellen Zusammentreffen mit der Mutterform zu erkennen. Man betrachtet die geographische Isolierung als einen primären Faktor der Artbildung. Eine solche Isolierung verhindert also vollständig den Austausch von Genen zwischen verschiedenen Populationen einer Art, ist mit anderen Worten ein genetischer Isolierungsmechanismus, der zusammen mit der Auslese über lange Zeiträume zu der sukzessiven Differenzierung beiträgt. Hierfür wäre der Berglemming ein Beispiel.

5. Das Aussehen des Berglemmings, seine Physiologie und seine Laute

In diesem Kapitel wollen wir nicht eine eingehende Beschreibung der Morphologie, Anatomie und Physiologie des Berglemmings geben, sondern nur die äußeren Kennzeichen des Tieres und seine anderen Eigenschaften nennen, die für ihn charakteristisch sind.

5.1. Aussehen

Von allen nordischen Kleinnagern ist der Berglemming der bunteste und farbenfreudigste. Sein rotbraun, beige, gelb, weiß und schwarz gezeichneter

Pelz macht ihn anziehend, auch wenn er nicht so niedlich wie die Waldmaus aussieht.

Die Farbzeichnung des einzelnen Berglemmings ist etwas unterschiedlich, jedoch haben die meisten Individuen ein gemeinsames Grundmuster. Andere Kennzeichen sind die im Pelz beinahe versteckten Ohren und der kurze Schwanz. Charakteristisch ist auch, daß die Krallen des Vorderfußes um ein Vielfaches größer als die des Hinterfußes sind. Die Ballen sind in dichte Behaarung eingebettet.

Der große schwarze Fleck, der quer über den vorderen Teil des Rückens läuft, sowie die schwarzen Partien auf dem Kopf scheinen bei den Männchen glänzender zu sein, während sie bei den Weibchen und den Jungen matter gefärbt und mitunter bräunlich sind. Die Jungen haben eine hellere Farbe als die älteren Tiere und die Männchen sind oft kontrastreicher und greller gefärbt als die Weibchen.

Man fragt sich, warum nur der Berglemming unter allen Lemmingen und Wühlmäusen ein so besonderes Aussehen hat. Sein Biotop unterscheidet sich kaum von dem der weniger gefärbten *Lemmus*-Arten in Sibirien, Alaska und Kanada. Und sie haben die gleichen Feinde sowohl in der Alten als auch in der Neuen Welt. Nach meinen Erfahrungen mit Lemmingen in Sibirien und Nordamerika verschmelzen sie dort besser mit der Bodendecke auf den schneefreien Oberflächen als die Berglemminge.

Die mittlere Temperatur liegt in den Verbreitungsgebieten des Berglemmings höher als in den Lemminggebieten Asiens und Nordamerikas, aber es ist kaum glaublich, daß der Grund für das abweichende Aussehen des Berglemmings in dieser Differenz liegt. Alle Arten verbringen den Hauptteil ihres Lebens unter der Schneedecke, so gibt es auch in dieser wichtigen Periode keine Unterschiede in den Gewohnheiten der beiden Gruppen. Man könnte sonst leicht annehmen, daß die kontrastreiche Zeichnung des Berglemmings im Dunkeln unter der Schneedecke des Winters eine Funktion hat. Der Winterpelz mit seinem langen Haar ist heller als der Sommerpelz, jedoch ist letzterer **kontrastreicher.**

Nur das Weiße Meer trennt die Berglemminge der Halbinsel Kola von den Sibirischen Lemmingen des Gebiets Archangelsk. Die beiden Populationen müssen fast völlig identischen Umweltfaktoren ausgesetzt sein, und trotzdem sind sie so verschieden.

Sollte die Ursache für das bunte Aussehen des Berglemmings anderswo als in der Jetztzeit zu suchen sein? Offenbar hatte der Berglemming eine andere Vergangenheit als die anderen *Lemmus*-Arten, wobei er durch natürliche Auslese seinen eigentümlichen Pelz entwickelt hat. Erhielt er die Farbenfreudigkeit während der angenommenen „Eiszeitüberwinterung" in Norwegen oder entwickelte sie sich während der interglazialen oder postglazialen Zeit? Eine Antwort darauf kann nicht gegeben werden. Es wäre zu einfach, wenn man das Phänomen damit erklärte, daß der Mutationszufall mitgespielt habe. Ein Milieuvorteil muß damit verknüpft sein, daß sich das Aussehen der Art so entwickelte und beibehalten wurde. Wir kennen die Umstände nicht, und dies ist eines der vielen ungelösten Probleme des Berglemmings.

Es ist anzunehmen, daß die kontrastreichen Farben des Berglemmings in erster Linie während der Dunkelheit unter der Schneedecke im Winterhalbjahr eine Funktion haben. Woran man zunächst denkt ist, daß das grelle und helle Farbenmuster des gegen seine Artverwandten so ausgeprägt aggressiven Berglemmings als ein intraspezifisches Warnsignal dient. Dies ist bei einem aggressiven, in Kolonien lebenden Tier ohne soziale Zusammengehörigkeit mit anderen Gesellschaftsmitgliedern nötig, um Zusammenstöße in den Laufsystemen zu vermeiden (siehe Seite 49).

Eine Variante der obigen Hypothese ist, daß die Farben des Berglemmings Feinde warnen sollen, die Art anzugreifen (Andersson 1976). Raubtiere und Greifvögel sollten dadurch einer aggressiven Beute ausweichen. Es stimmt allerdings, daß viele dieser Tiere Wühlmäuse den Berglemmingen vorziehen (siehe Kap. 16), wenn die ersteren leichter zu fangen sind. Der Druck sowohl auf erwachsene wie auch junge Berglemminge ist jedoch periodisch sehr stark, selbst wenn ein Überfluß an Wühlmäusen vorhanden ist.

5.2. Haarwechsel

Wie erwähnt, hat der Berglemming einen Sommer- und einen Winterpelz, die die gleichen Farben haben, jedoch mit verschiedenem Glanz, bedingt durch die längeren Winterhaare. Der Wechsel zum Sommerfell tritt bei den erwachsenen Tieren gewöhnlich im Juni ein, der zum Winterfell im August. Die Jungen wechseln das Fell zwei- bis dreimal, je nach der Jahreszeit, in der sie geboren wurden. Bereits wenn sie 18 bis 23 Tage alt sind, wird das erste Fell abgeworfen, dem ein Jugendfell folgt. Im Alter von 6 bis 7 Wochen geschieht der nächste Wechsel, bei dem — beruhend auf der Jahreszeit — entweder in einen zweiten Jugendpelz oder direkt einen Sommerpelz gewechselt wird (Koponen 1964).

Im Winter hat der Berglemming bedeutend längere Krallen als im Sommer. Dies gilt auch für Junge, die im Winter geboren werden, mindestens bis April. Im Sommer werden die Winterkrallen abgenutzt und sind im Juli meist verschwunden (Koponen 1970).

Den zweitbuntesten aller Lemminge findet man nicht in der Gattung *Lemmus*, sondern der Gattung *Dicrostonyx*, der Alaska-Halsbandlemming *(D. torquatus rubricatus)*, der im Sommerkleid leuchtendrote, kastanienbraune,

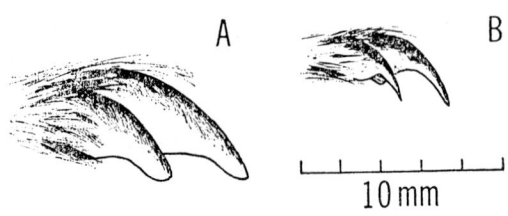

Abb. 27. Die Krallen des Vorderfußes des Berglemmings. A: im Winter, B. im Sommer. Nach T. Koponen 1970

gelbweiße, graue und schwarze Farben aufweist. Der Neusibirische Lemming ist der einzige der *Lemmus*-Arten, der wie die *Dicrostonyx*-Arten im Winter weiß wird.

5.3. Größe

Die Körperlänge des Berglemmings ist 130—150 mm, wozu der Schwanz mit 15—19 mm kommt. Weibchen, die nicht länger als 90 mm sind, können hochträchtig sein. Das Gewicht eines ausgewachsenen Exemplars variiert in verschiedenen Jahren stark von 45—130 g. Hohe Gewichte notiert man gewöhnlich in Lemmingjahren und dann ebenso oft in der Periode Mai bis Juni wie in der Periode Juli bis August, während das Durchschnittsgewicht in „Zwischenjahren" bedeutend niedriger ist.

5.4. Physiologie

Während viele Nagetiere (und manche Vögel) während der ersten Tage nach der Geburt wechselwarm sind, kann der Berglemming vom ersten Lebenstag an Stoffwechselreaktionen gegen Kälte zeigen. Er entwickelt sich in den folgenden Tagen sehr schnell, so daß er bereits im Alter von 11 Tagen eine stabilisierte Körpertemperatur hat. Dies tritt 8 bis 12 Tage früher als bei der Hausmaus ein (Hissa 1964) und entspricht dem, was für den Halsbandlemming bekannt ist (Morrison et al. 1954). Alles deutet darauf hin, daß der Berglemming nach wenigen Tagen gut ausgerüstet ist, um durch Thermoregulation wenigstens niedrige Temperaturen auszugleichen. Sowjetische Forscher finden jedoch, daß die Art eine unvollständige Wärmeregelung hat (Koshkina und Khalansky 1963).

Hinter den im Pelz verborgenen Ohren hat der Berglemming Hautdrüsen, deren Funktion unbekannt ist.

5.5. Laute

In Lemmingjahren ist der Berglemming sehr „gesprächig", und man kann die Tiere selbst unter der Schneedecke hören. In den Zwischenjahren ist er sehr schweigsam, was an der jetzt geminderten Aggressionsbereitschaft liegt.

Der gewöhnlichste Laut der Art ist ein piepender, zischender, quietschender Ton, der in Tonstärke und Dauer variieren kann. Wenn die Tiere aufgeregt sind, kann sich der zischende und murmelnde Ton derart steigern, daß er dem Geräusch stark siedenden Wassers in einem Topf ähnelt. Bei Kämpfen stoßen die Männchen mehrere verschiedene Töne aus, unter anderem „knirschen sie recht oft mit den Zähnen".

Die Werbung der Männchen ist von einem zwitschernden, fast vogelstimmenähnlichen Laut begleitet, der sich in immer stärkerer Intensität in langen Reihen ausdehnt: *Pjytt — pjytt — pjytt — pjytt —* in einem gewissen Abstand, ähnlich wie ein Mornellregenpfeifer. Dieser Ton geht meist der Kopulation voraus.

Junge Tiere im Nest lassen dünne langgezogene *tjiiip*-Laute hören, die variieren können.

Von in Gefangenschaft gehaltenen Berglemmingen haben A r v o l a et al. (1962) und F r a n k (1962) viele Laute aufgeschrieben und registriert. Der letztere vergleicht den Paarungslaut des Berglemmings mit den Lauten des Seeregenpfeifers und des Wellensittichs. Die Amerikaner B r o o k s und B a n k s (1973) haben eine ganze Abhandlung über die Laute des Halsbandlemmings geschrieben, die man als ausdrucksvoll bezeichnen kann.

6. Die Biotope des Berglemmings

Der vorwiegende Aufenthaltsort des Berglemmings sind die Bergheiden in den Flechten- und Weidenzonen, was bedeutet, daß er auf der Halbinsel Kola und stellenweise im Norden auch auf der Tundra vorkommt. In diesen Biotopen lebt der Berglemming nicht nur während Perioden mit niedriger Populationsfrequenz, sondern auch in Lemmingjahren. In Schweden und Finnland sind Bergheiden als Biotop immer gleichbedeutend mit Höhen oberhalb der Baumgrenze zwischen 600—1700 m über dem Meeresspiegel. Der höchste Punkt, auf dem ich seßhafte Berglemminge getroffen habe, war in Sarek in Schweden in einer Höhe von 1720 m, in einem Terrain unter anderem mit dem Wollhaarigen Läusekraut (*Pedicularis hirsuta*), dem Roten Steinbrech (*Saxifraga oppositifolia*) und der Kraut-Weide (*Salix herbacea*). In Wanderjahren kann diese Höhe übertroffen werden. Drei Lemminge wurden bei der Wanderung auf Gletschern gesehen. Die höchste Höhe, auf der ich 1960 wandernde Berglemminge sah, war 1810 m auf einem großen Schneefeld auf dem Jeknatjåkko in Sarek. Auf dem Lanjek, ebenfalls in Sarek, wurden auf dem 1840 m hohen Gipfelplateau ungefähr 10 Lemminge beobachtet (A b r a h a m s s o n 1973). In Norwegen und auf der Halbinsel Kola, wo die Bergheiden bis zum Meeresstrand hinabreichen, kann der Berglemming selbst in Jahren mit niedriger Frequenz weniger als einen Meter über dem Meer leben.

Nach alldem zu urteilen, stellt die Flechtenzone die wichtigste Umgebung für den Berglemming dar, denn dort trifft man ihn sowohl in Lemmingjahren und in normal verlaufenden Jahren in weiten Teilen des Verbreitungsgebietes sowohl zur Sommerzeit als auch im Winter. Dies ist mein Eindruck, der sich vor allem auf die Verhältnisse in Skandinavien gründet. Besuche in Finnland und der UdSSR in Lemmingjahren haben mich in meiner Auffassung bestärkt.

Es muß hervorgehoben werden, daß es in Jahren mit niedriger Frequenz leichter ist, die Berglemminge in der Flechtenzone mit deren niedriger kriechender Vegetation zu beobachten, als im Weidengürtel mit seinem Gestrüpp aus Weiden und Zwergbirken. Der hier wiedergegebene Eindruck kann also irreführend sein. Auf der anderen Seite hinterläßt der Berglemming andere Merkmale, die sein Vorkommen zeigen. Sein System von Gängen ist auffällig. Seine Exkremente sind zahlreich, aber auch diese sind

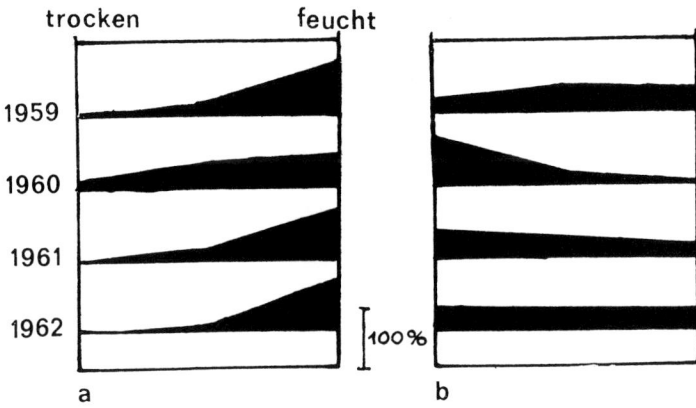

Abb. 28. Die Verteilung der Sommerbiotope des Braunen Lemmings (a) und des Halsbandlemmings (b) in Kanada auf trockenem und feuchtem Gebiet von 1959 bis 1962. Die Arten geben deutlich unterschiedlichen Gebieten den Vorrang. Nach C. J. K r e b s 1964

leichter in der Flechtenzone zu sehen als im Weidengürtel. Winternester auf dem Boden oder im Buschwerk sind weithin sichtbar. In normalen Jahren überwiegt ihre Anzahl in der Flechtenzone.

Es muß auch betont werden, daß ich in Lemmingjahren im Weidengürtel eine größere Populationsdichte der Berglemminge festgestellt habe als in der Flechtenzone, welches letzterer als Optimalbiotop zu widersprechen scheint. Aus topographischen Gründen wird die Konzentration in manchen Teilen des Weidengürtels größer sein. Dazu kommt, daß in Lemmingjahren die Situation nicht repräsentativ ist, da die Art dann gewissermaßen „ausufert" und zur Wanderung gezwungen wird.

Flechten- und Weidenzonen auf verschiedenen Höhen sind also die optimalen Biotope des Berglemmings, auch in Lemmingjahren bilden sie den hauptsächlichsten Aufenthaltsort der Art. Der Berglemming kann jedoch selbst bei niedriger Populationsfrequenz örtlich auch in den oberen Birkenwaldregionen vorkommen, aber dies ist selten. Ich habe in meinen 30 Jahren Feldarbeit in den skandinavischen Bergen in normalen Jahren nur viermal Berglemminge in der Birkenwaldregion gesehen; in Lemmingjahren ist die Art dort aber stellenweise sehr häufig. In solchen Jahren kann der Berglemming auch die Nadelwaldregion aufsuchen und sich in allen Vegetationsgürteln fortpflanzen, also von der Flechtenzone bis zur Nadelwaldregion.

Innerhalb seines Hauptbiotops in den Flechten- und Weidenzonen hat der Berglemming Sommer- und Winterbiotope, zwischen denen die ganze Population oder größere Teile jahreszeitlich wandern. In Lemmingjahren, wenn sich der Berglemming in Birkenwald- und Nadelwaldregionen aufhält, kann man auch dort diese Saisonwanderungen zwischen Winter- und Sommerquartier entdecken. Gewöhnlich wechselt der Berglemming zwischen verschiedenen Aufenthaltsplätzen innerhalb der Flechtenzone. In der Regel liegen die Wintergebiete etwas höher als die Sommerquartiere. Ausnahmen von der Regel, im Frühjahr nach unten oder zu Gebieten auf dem gleichen Niveau zu ziehen, kommen vor, so daß in manchen Gegenden der Berglemming im Frühjahr nach oben wandert. Von ausschlaggebender Bedeutung hierfür sind die topographischen Verhältnisse, die im Winter die Stärke der Schneedecke bestimmen und im Frühjahr die Feuchtigkeit des Bodens. Wir kommen auf die Saisonwanderungen in einem späteren Kapitel (Seite 72) zurück.

Der Berglemming verbringt ungefähr 9 bis 10 Monate des Jahres in seinem Überwinterungsgebiet. Da die Fortpflanzung im Winter in manchen Jahren dort vermutlich in größerem Ausmaß als im Sommer stattfindet, kann man verstehen, daß dies der wichtigste Biotop für die Art ist.

Obwohl die Winter- und Sommerbiotope oft Nachbargebiete in der gleichen oder nahegelegenen Vegetationszonen sind, ist das Verständnis für den Leser leichter, wenn diese saisonalen Lebensräume von der Flechtenzone bis hinunter in die Nadelwaldregion beschrieben werden. In diesen Biotopbeschreibungen haben wir die zoologischen Elemente ausgelassen, denn die Nachbarn des Berglemmings unter den Tieren werden in einem eigenen Abschnitt beschrieben (Seite 40).

6.1. Flechtenzone

Auf den Bergheiden der Flechtenzone ist die Erddecke meist ziemlich dünn und deckt die steinige Moränenerde oft nur mit einer wenig kompakten Schicht, in der das Humuslager völlig fehlen kann. Die große Zahl kleiner und großer Steine bietet dem Berglemming durch Höhlungen und Miniaturgrotten im Sommer guten Schutz. Ein solches Terrain eignet sich nicht zum Graben unterirdischer Gänge und Wohnstätten, die im Sommer in der Flechtenzone und auch im Weidengürtel ungewöhnlich sind. Im Sommer liegt das System der Gänge meist offen in der Erdoberfläche. Auf Grasboden kann der Berglemming stellenweise seine Wühlfähigkeit ausnutzen. Im Winter hingegen legt er ein ziemlich ausgedehntes System von Gängen auf der Erde unter dem Schnee an.

Von ausschlaggebender Bedeutung für das Leben des Berglemmings im Winter sind die Stärke der Schneedecke, ihre Konsistenz und Dauerhaftigkeit in Gebieten, die an Gras und Braunmoos nahrungsreich und auch leidlich gut drainiert sind. Solche Gebiete liegen meist etwas höher als die Sommerquartiere des Berglemmings, und man findet sie an schwach abschüssigen Seiten von Bergen, Hügeln und Bergrücken, wo der Schnee vom Wind nicht weggetrieben wird, sondern statt dessen höher liegt als in den umliegenden Gebieten.

Für den winteraktiven Berglemming ist die Schneedecke nicht nur als Schutz gegen Feinde von Bedeutung, sondern sie hat auch eine wärmeisolierende Wirkung. Dadurch kann der Berglemming unabhängig von langen Kälteperioden und Winterstürmen sowie Feinden seiner normalen Tätigkeit

Abb. 29. Die hauptsächlichen Pflanzenregionen in Fennoskandien. Deutlich dominieren die Nadelwälder. In der südlichen Nadelwaldregion gibt es teilweise Mischwälder.
1 Arktische (alpine) Region
2 Bergbirkenwaldregion (im südlichen und mittleren Norwegen angedeutet, im übrigen stark schematisiert)
3 Nördliche Nadelwaldregion
2 und 3 Hochboreale Region
4 Westliche Laub- und Kiefernwaldregion (und angrenzende Bergbirkenwaldregion)
5 Südliche Kiefernwaldregion
6 Südliche Laubwaldregion (hauptsächlich Buchenwälder)
5 und 6 Zwischenboreale Region
Nach K. Curry-Lindahl 1969

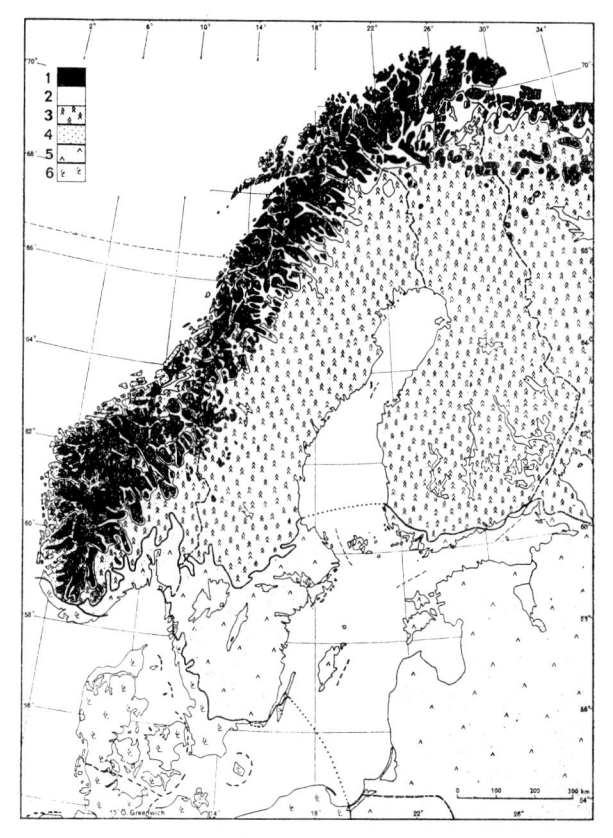

nachgehen. Das Mikroklima unter dem Schnee hält sich im Winter ziemlich gleichmäßig, unabhängig von Temperaturveränderungen oberhalb der Schneedecke. Es wurde festgestellt, daß bei einer Schneedecke von ungefähr 70 cm die Temperatur auf dem Erdboden 22 °C höher sein kann als über dem Schnee.

Der Pflanzenwuchs in den Winterquartieren des Berglemmings ist reich an Moos, unter anderem *Polytrichum*-Arten, und Gras, vor allem Starre Segge *(Carex bigelowii)* und Dreispaltige Binse *(Juncus trifidus)*. Diese Winterquartiere findet man oft in Pflanzenzonen, die auf niedrigen Höhen der Flechtenzone im Sommer teils durch die genannten Arten gekennzeichnet sind und teils durch Lapplandheide *(Phyllodoce caerulea)* und stellenweise auch Heidelbeeren *(Vaccinium myrtillus)* bzw. Moosheide *(Cassiope hypnoides)* und Zwergweiden mit einem Einschlag von zum Beispiel Zwerg-Ruhrkraut *(Gnaphalium supinum)* und Draht-Schmiele *(Deschampsia flexuosa)*. Flechten sind in dieser Pflanzenwelt enthalten, werden jedoch vom Berglemming sehr selten als Reservefutter verwendet. Diese Winterbiotope sind nur ein Beispiel, wenn auch vielleicht das gewöhnlichste. Sie sind im Sommer, besonders im August, sehr trocken, und es ist nicht verwunderlich, daß der Berglemming sie rechtzeitig im Frühjahr verläßt.

Obwohl die genannten Pflanzengesellschaften in den Bergen ziemlich große, zusammenhängende Abschnitte bedecken können, ist es auffallend, wie eng begrenzt die Winterbiotope des Berglemmings selbst in Wintern vor einem Lemmingjahr sind. Dies beruht möglicherweise darauf, daß es trotz der weiten Gebirgswelt nur wenige optimale Biotope gibt.

Im Frühjahr wandert der Berglemming zu naheliegenden, oft niedrigeren Biotopen, die im Sommer bedeutend feuchter, steinreicher und pflanzenreicher sind als die Wintergebiete und so bessere Schutzmöglichkeiten bieten. Es ist auch leichter, in feuchter Erde zu graben. Solche Böden finden sich gewöhnlich in Senken und langen Tälern mit Mooren, Seggenwiesen und zeitweise wasserüberrieseltem Terrain, nicht selten nahe spätschmelzendem Schnee. Die Vegetation dieser Gebiete ist durch Wollgras (*Eriophorum* sp.) und Seggenarten mit viel Braunmoos verschiedener Art gekennzeichnet. Auf dem trockneren Boden sind die niedrigen Sträucher zahlreicher, und dort versammeln sich, zumindest in manchen Gebieten, die Berglemminge im Spätsommer vor der Wanderung in die Winterquartiere.

In manchen Jahren geschieht es, daß ein Teil der Berglemminge sowohl im Sommer als auch im Winter etwa auf dem gleichen Platz verbleibt, was ich nur in Jahren mit niedriger Populationsfrequenz in den Lappmarken Åseles und Pites festgestellt habe.

6.2. Weidenzone

Im Sommer ist in vielen Gebirgsgegenden die Weidenzone, vor allem in einem Lemmingjahr, der hauptsächliche Aufenthaltsort für den Berglemming. Diese wird von Weidengestrüpp, Zwergstrauch-Heiden und Mooren beherrscht und nimmt eine Vertikalzone von 150–300 m zwischen der Baumgrenze und der von Gestrüpp, Moosen und Flechten charakterisierten Pflanzenwelt der Flechtenzone ein. Dies ist für Wirbeltiere ein ausgezeichneter Biotop und als solcher für den Berglemming sehr wichtig. Dort findet er im Sommer ideale Zufluchtsstätten in feuchten Geländeabschnitten mit von Steinen bedecktem Boden und eine Vegetation aus Segge, Braunmoosen, Zwergweiden oder/und Zwergbirken (*Betula nana*). In diesen Seggenwiesen bilden sich oft Büschel, was dem Berglemming das Graben eigener Schutzräume über die von der Natur selbst gewährten hinaus erleichtert. Dies ist in Lemmingjahren sehr wichtig, in denen die Optimalbiotope nicht ausreichen und die Konkurrenz hart ist. Auch die seggen- und moosreichen Moore des Weidengürtels können von den Berglemmingen bevölkert werden, jedoch scheinen sie die weidenreichen Gebiete in der Nähe der Moore und Wasserläufe vorzuziehen.

Wenn auch der Weidengürtel im Sommer dem Berglemming reichere Nahrungsvoraussetzungen als die Flechtenzone gewährt, so scheint die Art in weiten Teilen der Berggegenden Skandinaviens diese Vegetationszone nur in Lemmingjahren oder während hoher Populationsfrequenzen vor und nach einem Bestandsgipfel auszunutzen.

Die Vegetation auf den vom Berglemming bevorzugten Sommerplätzen im Weidengürtel ist viel abwechslungsreicher als auf entsprechenden Aufenthaltsplätzen in der Flechtenzone. Weiden verschiedener Arten, zum Beispiel Lapplandweide (*Salix lapponum*), Wollweide (*S. lanata*) und Arktische Grauweide *(S. glauca)* sind oft das vorherrschende Element der Weidenzonenbiotope des Berglemmings. Andere auffällige Elemente sind die Zwergbirke, Wollgras verschiedener Art, Seggenarten, verschiedene Schachtelhalme *(Equisetum)* und Rosenwurz *(Sedum roseum)*. Stellenweise bildet die Moosdecke eine große zusammenhängende Fläche, die sich aus mehreren Arten zusammensetzt. An manchen Stellen dominiert Torfmoos *(Sphagnum)*, an anderen ist diese Art fast nicht vorhanden, aber auf fast allen Plätzen kommen Vertreter der Arten *Calliergon, Paludella* und *Drepanocladus* vor.

In Lemmingjahren kann der Berglemming auch auf offenen grasreichen Wiesenheiden vorkommen, die mit Wohlriechendem Ruchgras (*Anthoxanthum odoratum*), Schafschwingel *(Festuca ovina)* und Draht-Schmiele bedeckt sind, oder auf von Heidelbeeren dominierten Zwergstrauch-Heiden mit Zwergbirkengruppen.

Die Winterbiotope im Weidengürtel befinden sich in der Regel an solchen Stellen, an denen der Berglemming eine Kombination günstiger Bedingungen findet: reiches Vorkommen von Moosen und Starrer Segge, ziemlich trockener Boden (im Herbst) und dichte Schneedecke. Solche Plätze scheint der Berglemming an Stellen zu finden, die von Lapplandheide und Blaubeergestrüpp beherrscht werden. Die letztgenannten Pflanzen werden im Winter unter der Schneedecke verzehrt, wenn die Moose nicht ausreichen.

6.3. Birkenwaldregion

In Lemmingjahren können die Berglemminge die Birkenwaldregion aufsuchen, wo sie sich vermehren und auch überwintern können. Obwohl die Art hier eine reiche Vegetation findet und größere Schutzmöglichkeiten hat, scheint diese Umgebung auf niedrigeren Höhen für den Berglemming nicht optimal zu sein. Doch kann er, wenn auch selten, selbst in Jahren niedriger Frequenz örtlich in der Birkenwaldregion angetroffen werden.

Der Biotop, den der Berglemming in der Birkenwaldregion bevorzugt, erinnert stark an den, der gerade für den Weidengürtel beschrieben wurde: in erster Linie feuchter moosreicher Boden mit dichter Buschvegetation an Mooren und Wasserläufen, weiterhin gras- und gestrüppbewachsene Heiden. Die Vegetation in diesen feuchten Gebieten besteht außer aus Weiden und Zwergbirken aus verschiedenen Wollgrasarten, Gestrüpp der Schwarzen Krähenbeere *(Empetrum nigrum)*, verschiedenen Seggenarten, Schachtelhalmen, Heidelbeeren, Rauschbeeren *(Vaccinium uliginosum)* und Multbeeren *(Rubus chamaemorus)*. Stellenweise kann sich der Berglemming auch im eigentlichen

Bergbirkenwald niederlassen, wenn dort viel Moos wächst, was häufig der Fall ist.

Die Überwinterung in der Birkenwaldregion wird selten sein. Ich habe niemals Winternester auf dieser Höhe gefunden, und es ist fast unmöglich zu bestimmen, ob das Abgrasen der Vegetation im Herbst vor der Wanderung zu höher gelegenen Plätzen oder im Winter stattfand. In Finnland ist K a - l e l a (1961) auf die gleichen Schwierigkeiten gestoßen und hat auch keine Winternester gefunden, aber er spricht ausdrücklich von Überwinterung in trockenem Moorgestrüpp und auf leicht sumpfigen Zwergbirkenheiden. Es geht aus seinen Angaben nicht hervor, ob diese Gebiete in der Birken- oder in der Nadelwaldregion lagen, die K a l e l a in der genannten Arbeit gemeinsam behandelte, doch nach einer anderen Abhandlung (K a l e l a 1965) zu urteilen, scheint er die erste zu meinen.

6.4. Nadelwaldregion

Die Nadelwälder unterhalb des Gebirges bestehen in der Regel entweder aus Fichten und Kiefern oder aus Fichten und Birken. Dies gilt auch für die Halbinsel Kola, woher die ausführlichsten Angaben über die Nadelwaldbiotope des Berglemmings in einer Arbeit von K o s h k i n a und K h a l a n s k y (1963) stammen.

Die Nadelwaldregion wird nur in Lemmingjahren vom Berglemming aufgesucht. Er scheint Fichtenwälder den Kiefernwäldern vorzuziehen, da die ersten durch ihr Wurzelsystem größere Schutzmöglichkeiten bieten. Die Lemminge suchen gern Kahlschläge auf, da die umgefallenen Stämme und alten Stubben mit aufgelockerten Wurzeln ebenfalls ausgezeichnete Verstecke bieten. Die Berglemminge kommen auch auf Torfmooren vor, wo sie besonders die Bülten bevorzugen. Die Mehrzahl der Winternester in der Nadelwaldregion der Halbinsel Kola wurde auf Kahlschlägen gefunden.

6.5. Das Verhalten des Berglemmings zu den Wirbeltieren seiner Biotope

Obwohl der Berglemming in manchen Jahren zahlenmäßig in der Bergheide so dominiert, daß er zur Populationsverminderung zum Auswandern gezwungen zu sein scheint, leben auch andere Kleinnager in seiner Umgebung, die sich teilweise von den gleichen Pflanzen ernähren.

Dazu gehört in den Flechten- und Weidenzonen hauptsächlich die Graurötelmaus *(Chlethrionomys rufocanus)*. Außer in den Jahren, in denen der Berglemmingbestand explosionsartig zunimmt, ist sie das häufigste Nagetier im Weidengürtel, öfter sieht man sie auch in der Flechtenzone. Sie lebt hauptsächlich in den niedrigeren Pflanzengürteln. Daher ist der Berglemming innerhalb seines Verbreitungsgebietes die einzige Nagetierart, die ihr Hauptvorkommen in der Flechtenzone hat.

Im Weidengürtel muß er den Lebensraum außer mit der Graurötelmaus auch mit der Polarrötelmaus *(C. rutilus)*, der Schermaus *(Arvicola terrestris)*, und der Erdmaus *(Microtus agrestis)* und der Nordischen Wühlmaus *(M. oeconomus)* teilen. Die beiden letzten gehen, wenn auch selten, hinauf in die Flechtenzone. Alle diese Wühlmäuse können auch in der Birkenwaldzone vorkommen, wo die Mehrzahl nunmehr häufiger als im Weidengürtel ist. Im Birkenwald kommen auch die Rötelmaus *(Clethrionomys glareolus)* und in seltenen Fällen auch der Waldlemming hinzu.

In normalen Jahren scheinen die Beziehungen zwischen dem Berglemming und den verschiedenen Mäusearten keine Schwierigkeiten zu bereiten, in Lemmingjahren scheint der aggressive Berglemming wenigstens die Graurötelmaus bei Begegnungen in die Flucht zu treiben.

Andere Säugetiere, die regelmäßig oder nur mitunter in der Flechtenzone vorkommen, sind Wolf, Fuchs, Eisfuchs, Bär und Vielfraß. Alle stellen dem Berglemming nach. Wenn ein Wolf nach Lemmingen oder Wühlmäusen gräbt, schnüffelt und gräbt er wie ein Hund oder Fuchs: nach kurzem schnellem Graben hält er die Nase in das Loch und wittert eifrig, dann gräbt er energischer weiter. Schließlich, wenn er die Beute hat, nimmt er sie mit einem schnellen Griff in die Zähne, wirft den Kopf in den Nacken und schleudert sie in die Luft, um den kleinen Nager beim Hinunterfallen wieder im Maul zu fangen und ihn dieses Mal zu töten und zu fressen. Daß er den gefangenen Lemming in die Luft wirft, scheint kein Spiel zu sein, sondern zur Jagdmethode zu gehören. Ursache für dieses Verhalten ist möglicherweise, daß der kleine Nager, wenn er zuerst gefaßt wird, in Verteidigungsstellung steht und beißen kann. Deshalb wirft ihn der Wolf schnell aus dem Loch, um zu vermeiden, daß er in seine empfindliche Nase gebissen wird. Der in der Luft herumwirbelnde und wehrlose Nager wird dann endgültig gefangen und gefressen.

Das Hermelin kommt nur unregelmäßig in die Flechtenzone, doch kann man es in Lemmingjahren im Sommer dort auf der Jagd nach Berglemmingen sehen. Wenn Lemminge in den Weiden- und Birkenwaldgürteln überwintern, sind Hermelin und Mauswiesel die vorwiegenden und vielleicht einzigsten Winterfeinde des Berglemmings, denn die beiden kleinen Raubtiere bewegen sich ungehindert in dem System der Gänge des Lemmings unter der Schneedecke. In der Birkenwaldzone gehören zu seinen Feinden auch Marder, Mink und Luchs.

Der Berglemming hat unter den Vögeln noch mehr Feinde als unter den Säugetieren. Rauhfußbussard, Gerfalke, Turmfalke, Raubmöwe, Sturmmöwe, Schnee-Eule, Sumpfohreule und Kolkrabe sind in Lemmingjahren Spezialisten auf der Jagd nach Berglemmingen. Im Weiden- und Birkenwaldgürtel kommen hinzu: Steinadler, Sperber, Kornweihe, Silbermöwe, Uhu, Sperbereule, Raubwürger und Krähe.

Im Nadelwaldgebiet erhöht sich die Anzahl der Feinde des Berglemmings mit Mäusebussard, Habicht, Sperlingskauz, Rauhfußkauz, Waldohreule, Habichtskauz, Bartkauz, Elster und Unglückshäher.

Der Feinddruck dieser Schar nagetierfressender Tiere auf den Berglemming muß zeitweise sehr stark sein. Wir werden darauf in einem späteren Kapitel zurückkommen (Seite 98).

7. Verhalten

Der Berglemming ist der „Dr. Jekyll und Mr. Hyde" der Tierwelt. Sein Charakter und Verhalten während der Wanderung und wenn er seßhaft ist, unterscheiden sich so stark, daß man glaubt, es mit zwei ihrem Wesen nach völlig verschiedenen Arten zu tun zu haben.

7.1. Aktivitätsperioden

Im Sommerhalbjahr ist der Berglemming Tag und Nacht in Bewegung, ist jedoch nachts am aktivsten und hat seine passivste Zeit mitten am Tag. Er hat, wie viele Kleinnager, oft wiederholte kürzere Ruhepausen im Verlauf des Tages. Jedoch kann der normale, oder besser gesagt, generelle Tagesrhythmus an Intensität und im Zeitschema während verschiedener Perioden des Sommerhalbjahres variieren, was auf mehreren Faktoren beruht.

So spielt zum Beispiel die Alterszusammensetzung der Population eine gewisse Rolle; denn jüngere kleine Berglemminge sind aktiver als die ausgewachsenen Tiere. Da die Würfe nicht zum gleichen Zeitpunkt geworfen werden und auch nicht jedes Jahr mit der gleichen Frequenz, variiert der Tagesrhythmus einer Population also auch von Jahr zu Jahr.

Außerdem scheint es, daß auch die Lufttemperatur und die Populationsdichte (= Konkurrenzdruck) die Tagesaktivität regulieren oder wenigstens beeinflussen können. Lange Hitzeperioden, die im Gebirge in der Zeit von Juni bis August (mitunter bereits im Mai) jederzeit eintreten können, beeinflussen in augenfälliger Weise die Aktivität der Berglemminge. In Lemmingjahren sind die Individuen, die an Stellen mit hoher Populationsdichte keinen Schutz auf der Erde finden, dazu gezwungen, auch an den heißesten Stunden des Tages aktiv zu sein. Eine solche Situation während einer Hitzewelle scheint sehr stark zu einer größeren Unruhe der Berglemminge beizutragen, die einem Wanderaufbruch voranzugehen pflegt. Ruhelosigkeit zeichnet den Berglemming bei ungewöhnlich hohen Populationsfrequenzen auch bei niedrigen Temperaturen aus.

Saisonübersiedlungen wie auch Wanderzüge können sowohl nachts als auch am Tag stattfinden. In Finnland fanden Myllymäki et al. (1962), daß der Herbstzug an einem Tag (29.–30. August) hauptsächlich in der Mitternachtsstunde durchgeführt wurde, während die Übersiedlung im Juni in den gleichen Gegenden in zwei verschiedenen Jahren in den Morgenstunden bis zur Mittagszeit geschah, mit einem Höhepunkt zwischen 6.00 und 8.00 Uhr (Koponen et al. 1961, Aho und Kalela 1966). In Schweden habe ich in Lappland (in den Lappmarken Åseles, Lycksele, Pites und Tornes) Herbst- und Frühjahrsübersiedlung unterschiedlicher Intensität sowohl nachts als auch am Tag beobachtet. Wanderzüge wurden in der Gebirgskette zu allen Tageszeiten wahrgenommen, obwohl meine Beobachtungen darauf deuten, daß sie meist nachts durchgeführt werden.

Wenn man die Tagesaktivität des Berglemmings diskutiert, muß man daran denken, daß die Sommernächte von Mai bis Juli in einem größeren Teil des Verbreitungsgebietes der Art sehr hell sind. Die Helligkeit ändert sich mit der Wolkendecke. An einem bewölkten und nebligen Tag kann es um 12.00 Uhr dunkler sein als in einer klaren und sonnenhellen Nacht um 24.00 Uhr!

Bei Berglemmingen in Gefangenschaft wurde festgestellt, daß sie nachts am aktivsten sind mit zahlreichen Aktivitätshöhepunkten zwischen 18.00 und 8.00 Uhr (Myllymäki et al. 1962), was im großen und ganzen mit Franks (1962) Laborresultaten übereinstimmt.

7.2. Lebensgewohnheiten

Der größte Teil der Tätigkeit des Berglemmings geschieht im verborgenen unter der Schneedecke. Man kann die Spuren der Winteraktivität unter dem Schnee im Frühjahr nach der Schneeschmelze sehen. Ein Vorhang wird dann gewissermaßen vom Boden gezogen, der mindestens acht Monate lang von den Berglemmingen benutzt wurde. Direkte Beobachtungen der Berglemminge müssen sich auf einige wenige Monate im Jahr beschränken, was man nicht vergessen darf, wenn wir einen Versuch machen, diese Lebensgewohnheiten zu beschreiben.

Was man vom Berglemming im Sommer sieht, sind Tiere in Ruhelage, beim Fressen und in Bewegung sowie beim Graben. Ein ruhender oder stillsitzender Berglemming nimmt gewöhnlich eine hockende Stellung ein, wobei der Körper beinahe kugelförmig zusammengezogen ist. Bei Kälte steht das Haarkleid außerdem ab, was noch mehr zu der runden Form beiträgt. Wenn sich der Berglemming schnell bewegt, ist der Körper meist langgestreckt.

Ein ruhender Berglemming sucht, wenn Platz vorhanden ist, vermutlich immer Schutz unter einem Stein oder in natürlichen Höhlen auf dem Boden, die oft nicht größer sind als das Tier selbst, denen er sich volumenmäßig anzupassen und sie „auszufüllen" scheint. In Lemmingjahren können alle Schlupfwinkel besetzt sein, und viele Lemminge müssen frei auf der Erde ruhen. Sie versuchen so lange wie möglich unter Weidenbüschen oder im Zwergbirkengestrüpp Schutz zu finden, bei hohen Populationsdichten sind aber auch diese Gebiete besetzt und werden erbittert verteidigt. Deshalb hat ein großer Teil der Population keinen Unterschlupf. Solche Tiere versuchen dort Ruhe zu finden, wo sie von ihren Artverwandten nicht gestört werden — und es sind nicht viele solcher Stellen vorhanden —, aber sie werden auch von Raubtieren und Greifvögeln gestört, von einem menschlichen Beobachter sowie oft von vermeintlichen Gefahren in Form eines Schneehuhns *(Lagopus)*, einer Graurötelmaus oder selbst einer nahrungsuchenden Spornammer *(Calcarius lapponicus)*. In diesem Zustand scheint ein obdachloser Berglemming nicht viel Ruhe zu finden, was zu Streß und allmählich zur Auswanderung beitragen wird. In normalen Jahren dagegen wird es für einen ruhenden Berglemming nicht viel geben, worüber er sich erregen muß.

Der Berglemming kann bei der Nahrungsuche mitunter einen kurzen Augenblick aufrecht auf den Hinterbeinen oder/und dem hinteren Teil des Körpers stehen und sich mit den Vorderbeinen oder/und dem vorderen Teil des Körpers gegen einen Stein oder einen Buschzweig stützen, aber ich habe ihn niemals aufrecht sitzen sehen wie zum Beispiel die Waldmaus oder ein Eichhörnchen. Wenn er mit seinen Artverwandten kämpft, kann er auch für einen kurzen Augenblick eine aufrechte Stellung einnehmen, ebenso wenn er gleichsam Anlauf nimmt, um in einschüchternder Absicht einen springenden Satz gegen einen Feind zu machen.

Beim Putzen stützt sich der Berglemming fast mit dem ganzen Körper auf die Erde, und die Hinterbeine werden dabei öfter angewendet als die Vorderbeine, selbst beim Putzen des Kopfes.

Wenn der Berglemming ißt, wird die Nahrung direkt abgeweidet. Nur selten werden die Vorderfüße verwendet, um ein losgerissenes Nahrungsstück festzuhalten, dabei wird es an die Erde gedrückt und nicht aufgehoben wie zum Beispiel bei den Mäusen.

In der Natur habe ich niemals einen Berglemming trinken sehen. Es ist möglich, daß ausreichend Flüssigkeit in der Nahrung enthalten ist. Andererseits ist anzunehmen, daß sie im Sommer, wenn sie auf feuchten Plätzen leben und oft waten oder schwimmen, Wasser schlucken, und daß sie im Winter beim Graben im Schnee auch Wasser zu sich nehmen.

Ein Berglemming, der sich außerhalb seines Gangsystems auf Futtersuche befindet und nicht gestört wird, bewegt sich ziemlich langsam und gleichsam pflügend vorwärts, ohne daß sich der Körper von der Oberfläche zu heben scheint. Wenn sich das Tier hingegen in seinen Gängen auf der Erdoberfläche bewegt, geht es in der Regel rasch und folgt der Rinne wie eine Straßenbahn ihren Schienen. Wenn er erschreckt wird, kann der Berglemming so schnell im Gang vorwärtsrasen, daß er in einer Kurve herausrennt und in dem „ungepflügten" Terrain neben dem Gang landet. Der Lemming nimmt dann oft (vor allen Dingen wenn es ein Lemmingjahr ist) eine Verteidigungsstellung ein mit gegen den „Feind" erhobenem Kopf, offenem Mund und zischenden Lauten.

Beim Quartierwechsel folgen die Berglemminge gern einem Stieg, wenn sie einen solchen finden können. Es kann ein von Berglemmingen, Renen oder Menschen getretener Pfad sein, oder eine Skispur im Schnee oder selbst ein Weg. Dort trabt der Berglemming mit vom Untergrund gehobenem Körper voran, so daß man den Schatten unter ihm auf dem Schnee sehen kann. Bei dem Herbstzug bewegt er sich mit einer Geschwindigkeit von ungefähr 1 m/Sek. oder schneller, was ungefähr 3,6 km/Std. entspricht (M y l l y m ä k i et al. 1962). Während des Frühjahrszuges wurden jedoch 4,6—4,8 km/Std. gemessen (K o p o n e n et al. 1961). Es soll ihm nicht möglich sein, diese Geschwindigkeit auf längeren Strecken zu halten. S a l k i o (1958) fand in Finnland, daß die Berglemminge 15 km in 24 Stunden zurückgelegt hatten.

Zum Unterschied zu seinen Verwandten und den Graurötelmäusen, Polarrötelmäusen und Waldwühlmäusen kann der Berglemming offenbar nicht klettern. Ich habe ihn nie dabei gesehen, und als ich einmal einen Berglemming ungefähr 1,5 m hoch in einen Weidenbusch setzte, fiel er oder strebte nach nur wenigen Sekunden zur Erde.

Da sich der Berglemming im Frühjahr und im Sommer häufig in Gebieten befindet, in denen Wasseransammlungen und trockene Erdpartien mosaikartig gemischt sind, ist er zeitweise viel im Wasser. Er watet oder durchschwimmt kleine flache Wasserlachen, auch solche, in denen das zerbrochene Eis noch klirrt, lieber, als daß er einen Umweg um sie macht. In größeren Wasserläufen und Seen ist er ein verwegener Schwimmer, der mit hocherhobenem Kopf und hochgehaltenem Körper (der ganze Rücken kommt aus dem Wasser) ziemlich schnell mit Hilfe der Hinterbeine vorankommt. Der Pelz scheint wasserdicht zu sein, gewöhnlich bilden sich Luftblasen auf dem Pelz, und wenn der Berglemming auf der anderen Seite des Gewässers an Land klettert, ist er völlig trocken und braucht nicht einmal Wasser vom Pelz zu schütteln. Wenn das Wasser eines Sees oder eines Fjords ruhig ist, kann der Berglemming kilometerweit schwimmen, aber Wellen, die ihn überspülen, scheinen ihn zu behindern und ihn auch bezüglich der Richtung unsicher zu machen.

Interessant ist es, das Verhalten der Berglemminge beim Überqueren eines schnellfließenden Flusses zu beobachten. In einem Lemmingjahr hatte sich eine große Anzahl Berglemminge am Graddielva in Norwegen, westlich von Schwedens Vuoggatjålme, gesammelt. Ich verbrachte einige Tage unter ihnen.

Mitunter sammelten sich die Tiere nachts in großen Scharen am Flußufer. Viele schwammen über den Fluß, doch die meisten zögerten, die Wassermassen zu bezwingen. Sie sprangen am Ufer auf und ab, warfen sich mitunter ins Wasser, kehrten aber sofort wieder um. Anscheinend war die Mehrzahl dieser Lemminge noch nicht von dem Trieb erfaßt, der später die lebende Lawine ins Rollen bringen sollte (Seite 89).

Der Berglemming probiert gewöhnlich die Strömung erst an verschiedenen Stellen aus, bevor er sich schließlich ins Wasser begibt. Oft schwimmt er schräg gegen den Strom, der ihn mit sich führt, aber allmählich gelangt der Lemming doch auf das andere Flußufer, weit unterhalb des Platzes, von dem er startete. Zuweilen springt ein schwimmender Berglemming auf einen Stein mitten im reißenden Wasser, und dort kann er wie eine Wasseramsel eine geraume Zeit sitzen, offenbar um sich auszuruhen. Bei diesem Schwimmen in Graddielva handelte es sich offensichtlich noch nicht um eine panische Massenflucht, sondern die Lemminge schwammen einzeln hinüber und fast immer erst, nachdem sie mit großer Genauigkeit, um nicht zu sagen Vorsicht, ihren Übergangsplatz ausgewählt hatten (C u r r y - L i n d a h l 1961b).

N a s i m o v i c h et al. (1948) beschrieben, wie Berglemminge beim Überqueren eines zehn Meter breiten Flusses (wozu sie ungefähr eine Minute benötigten) alle drei Meter tauchten, wobei ein Tier zehn Sekunden unter Wasser war. Der gleiche Forscher hat Berglemminge in einem See zwei Kilometer vom nächsten Ufer entfernt beobachtet. Er behauptet, daß die Art einen Aufenthalt von zwei Stunden in Wasser von 8–10 °C überleben kann. Die Schwimmgeschwindigkeit bei längeren Strecken beträgt bis zu ungefähr 1 km/Std. (M y l l y m ä k i et al. 1962).

7.3. Gangsystem, Winter- und Sommernester

Der Berglemming gräbt in der Erde, doch im Schnee scheint er sich mit dem Kopf vorwärts zu bohren oder zu scharren. Es ist charakteristisch für diese Art, daß sie bei weitem nicht so gut graben kann wie die ihr nahestehenden Verwandten, die Sibirischen Lemminge, deren Grabetätigkeit die Mikrotopographie auf der Tundra prägt. Diese Art, wie übrigens auch der Halsbandlemming, schafft sich also ihre eigenen Schutzräume im Boden, der mit ihren Löchern völlig übersät ist. Die mit vielen Steinen überzogene dünne Erddecke in den Biotopen des Berglemmings in der Flechtenzone eignet sich nicht zum Graben, aber auch auf niedrigeren Höhenstufen mit einer stärkeren Erddecke gräbt der Berglemming nicht oft. Auf hügeligem Erdboden läßt er sich dazu verleiten, Löcher zu graben. Er ist also mehr als seine Verwandten auf natürliche Löcher angewiesen. Dies kann ein Grund dafür sein, daß er öfter und in größerem Umfang als die anderen Lemmingarten Wanderzüge antritt. Dagegen gräbt der Berglemming oft in „Zerstreutheit", im Sinne einer Übersprungshandlung, zum Beispiel bei Konfrontation mit Artverwandten oder wenn ein Weibchen ein paarungsfreudiges Männchen abgewiesen hat.

Anstelle von gegrabenen Tunneln hat der Berglemming im Sommer ein weitverzweigtes Gangsystem in Form von offenen Laufgräben auf dem Erdboden. Dieses System umfaßt Verstecke, Nester, Losungshaufen (Toiletten) und Nahrungsplätze. Sie haben die gleiche Funktion wie das Gangsystem im Winter und sind im Prinzip auf die gleiche Weise gebaut. Sie sind sehr veränderlich und werden je nach Nahrungsbedarf ständig erweitert. Das Zentrum dieser Gangsysteme ist der Schutzplatz oder, wenn es sich um ein Weibchen mit einem Wurf Junge handelt, das Nest. Wird der Abstand zwischen Schutz- (Nest-) und Nahrungsplatz allmählich zu weit, wird ersterer an einen neuen Ort verlegt, wenn das Terrain dies zuläßt. Das Gangsystem ist also flexibel, was besonders in Lemmingjahren der Fall ist.

Die 6–8 cm breiten Gänge oder Rinnen werden nach und nach durch ständiges Hin- und Herlaufen in der Moos-, Flechten-, Seggen- und Gestrüppvegetation geschaffen. Sie sind Miniaturpfade, die je nach Bedarf und Verkehrsintensität entstehen. Die Rinnen sind kaum breiter als die Lemminge selbst, was auch für die Gänge unter dem Schnee gilt. An manchen Stellen nagen die Lemminge alle Pflanzenteile ab, die ihre Bewegung in den Gängen hindern. Wenn das Moos sehr feucht und reichlich ausgebildet ist, können die Gänge stellenweise in Tunnel mit einem dünnen Dach übergehen.

Das Gangsystem des Winters, das sich für jedes seßhafte Tier über eine Fläche von einigen Metern im Durchmesser erstreckt (abhängig vom Terrain, dem Nahrungsvorrat und der Populationsdichte) und für eine „Gemeinschaft" ein ungefähr 25×15 m großes Gebiet umfassen kann, folgt nicht immer unbedingt den Konturen der Erdoberfläche, sondern kann vertikale Abweichungen aufweisen, die sich im Frühjahr schwer rekonstruieren lassen, sich aber durch die Lage der Winternester offenbaren. Diese können sich mitunter in dem Gezweig von Weidenbüschen und Zwergbirken 25–100 cm über der Erdoberfläche befinden, in dem sie nach der Schneeschmelze hängenbleiben.

Gewöhnlich liegen die Winternester in der Erdoberfläche nahe Steinen, in Wurzellöchern oder in Miniaturhöhlen unter Steinen oder in Erdschollen. Außer Baumaterial kann ein überhängender Stein, eine Steinplatte oder Scholle als Dach und Abgrenzung gegen den Schnee dienen. Durch Kondensation kann sich eine dünne Eisschicht um das Nest bilden. Die Winter-

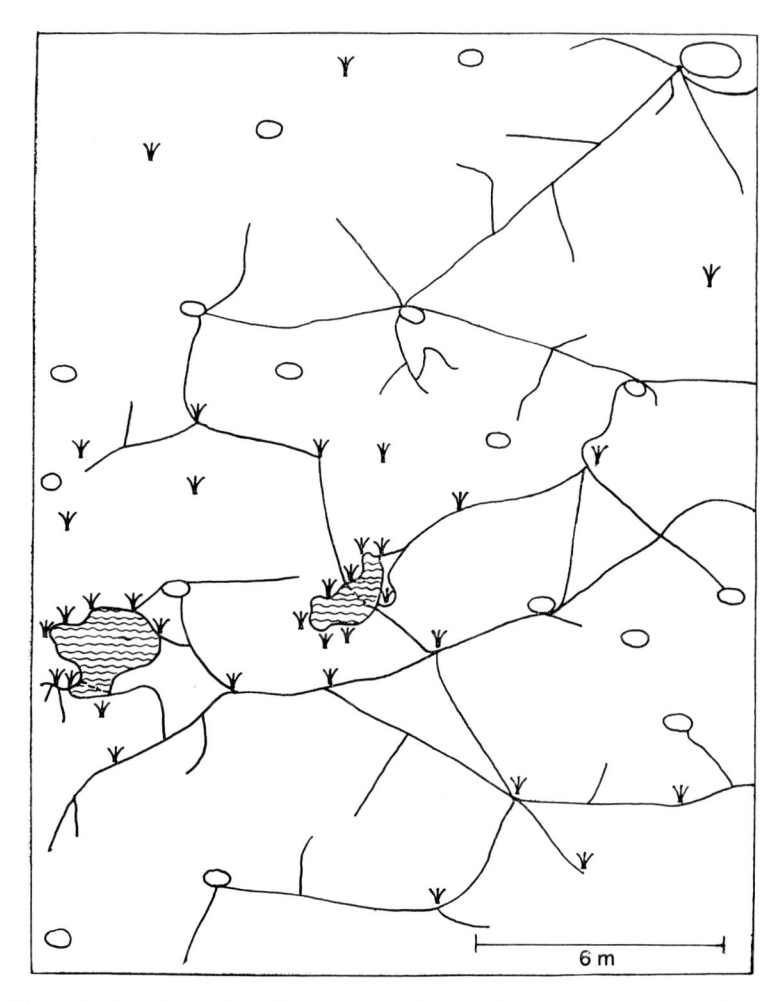

Abb. 30. Schematische Skizze des Gangsystems der Berglemminge in einem Sommerquartier in Lappland, Schweden. Steine und Blöcke und Weidenbüsche bilden Stützpunkte

nester sind kugelrund und haben dicke Wände und einen noch dickeren Boden, woraus zu vermuten ist, daß die Kälte meist von unten kommt. Sie sind aus zernagtem Gras oder/und Moos gebaut und mit Halmen, Moosteilchen, Wurzelfragmenten und mitunter Gestrüpplaub gepolstert. Der Außendurchmesser der Nester liegt zwischen 14 und 20 cm, die Wände sind gewöhnlich 3—5 cm dick und das Innere der Kammer 9—15 cm groß. Das Volumen der Nester scheint mit der Größe des Wurfes und dem Wachstum der Jungen zu variieren. Nach und nach werden die Wände von den immer größeren Körpern der Tiere nach außen gepreßt, dadurch werden die Wände dünner. Gleichzeitig wächst der Pelz der jungen Tiere, und sie sind nicht mehr so temperaturempfindlich.

Mitunter kann man „Zwillingsnester" mit zwei Kammern finden, wovon die eine vermutlich ein Anbau ist, nachdem das Weibchen erneut trächtig geworden ist und Junge bekommt, bevor der vorhergehende Wurf sein Nest verlassen hat.

Die runden Nester haben oft keine sichtbare Eingangsöffnung, jedoch kann man auf einer Seite des Nestes nahe dem Boden eine Verdünnung der Pflanzenwand erkennen. Diese Stelle benutzen die Berglemmingweibchen und später auch die Jungen als Nestein- und -ausgang.

Offensichtlich stellen diese gut konstruierten und gut isolierten Winternester Brutnester dar, jedoch enthalten sie fast nie Reste von Exkrementen der Jungen. Dies wird sich dadurch erklären lassen, daß, sowie die Jungen feste Nahrung einzunehmen beginnen, die sie selbst außerhalb des Nestes suchen, auch die Exkremente in der Umgebung des Nestes abgegeben werden.

Auch andere Tiere als trächtige Weibchen scheinen im Winter Nester zu bauen. Sowjetische Forscher haben einzelne tote Tiere in Nestern unter dem Schnee gefunden. Die Berglemminge lagen dann zusammengerollt wie ein „Ring" und nahmen den ganzen Nestraum ein (Koshkina und Khalansky 1963). Es ist kaum möglich, daß alle Tiere Winternester bauen. Wenn dem so wäre, würden in Lemmingjahren die Gebiete, in denen die Lemminge im Winter lebten, von Nestern übersät sein. Dies ist nicht der Fall.

Sommernester, die auch Brutnester sind, verbergen sich in der Vegetation der Erdoberfläche, in natürlichen Löchern unter Steinen, Blöcken und Wurzeln oder unter einer Erdscholle. Viele Frostaufbrüche auf den Bergheiden tragen dazu bei, daß der Berglemming natürliche Erdlöcher finden kann. Dies ist zum Beispiel der Fall wo sich „Palsen" (finn. = hohe, ständig gefrorene Torfhügel) bildeten.

Die Sommernester enthalten meist ein kleines Moosbett. Diese Nester sind nicht so sorgfältig gebaut wie die Winternester. Oft sind Moos oder/und Segge das Baumaterial, doch wird mitunter auch Blaubeerkraut verwendet. Auch diese Nester können rund sein, doch meist richtet sich ihre Form nach der Lage. Der Durchmesser der Wohnkammer ist 10—30 cm. Ein kleiner, nicht mehr als einige Zentimeter langer Gang kann von der Öffnung in der Erdoberfläche zur Wohnkammer führen. Diese Gänge können bedeutend länger sein. Auf der Halbinsel Kola sind 70 cm lange Gänge nicht ungewöhnlich (K o s h k i n a und K h a l a n s k y 1963).

Lange hat man geglaubt, daß die festen Winternester des Berglemmings als Zufluchtsorte ohne Zusammenhang mit der Fortpflanzung benutzt werden. Seit man im Lemmingjahr 1960—1961 feststellen konnte, daß sich die Art in manchen Jahren auch im Winter fortpflanzen kann, erscheinen diese Nester in einem anderen Licht. Der größte Teil der nicht gebärenden Lemminge wird eine andere Art Winteraufenthaltsplatz haben. In den im Frühjahr vom Schnee befreiten Gangsystemen findet man fast immer in flachen Erdvertiefungen, in der Nähe von aus der Erde herausragenden Steinen, kleine Stellen mit fast völlig abgeweideten Partien, in deren Nähe ansehnliche Exkrementhaufen liegen. Wenn man solche Plätze von oben betrachtet, wirken sie wie kleine Märkte im Zentrum vieler ausgetretener Miniaturpfade. Diese kleinen „Märkte" sind deutlich feste Winteraufenthalte für einen oder mehrere Lemminge, die von einer Schneekuppel bedeckt waren.

7.4. Exkremente

Die Exkrementproduktion des Berglemmings ist enorm und ein gutes Hilfsmittel, um die Aktivität der Art festzustellen. Sie verrät zum Beispiel, ob im Winter eine Fortpflanzung stattfand, denn die Größe der kleinen festen Körner ist mehr oder weniger proportional zu ihrem Produzenten.

Frisch sind die Körner dunkelgrün glänzend, wenn sie allmählich trocknen, dunkeln sie nach und werden zum Schluß braun. In der Form ähneln die Exkremente kleinen Reiskörnern.

Man findet sie nicht nur in den gemeinsamen „Latrinen", sondern zeitweise auch an gesonderten Plätzen, den vielen Gängen und an deren Eingangslöchern sowie auf Pfaden, wo sie möglicherweise eine bestimmte Bedeutung haben, die uns noch nicht bekannt ist. Berührung mit Wasser scheint bei den Berglemmingen fast immer Abführung auszulösen. Auch beim Saisonquartierwechsel im Frühjahr und Herbst kann der Weg der Lemminge von Exkrementen gekennzeichnet sein.

An manchen Stellen, besonders auf trockenen, gut drainierten Plätzen, können die Exkremente des Berglemmings ein bis zwei Jahre liegenbleiben, bevor sie sich zersetzen. Diese älteren verschrumpften „Reiskörner" werden immer heller, erst beige und dann fast weiß.

7.5. Die Aggressivität des Berglemmings

Die sozialen Gewohnheiten und das unterschiedliche Temperament des Berglemmings geben immer wieder zu Fragen Anlaß. Obwohl man sagen kann, daß die Art sowohl im Sommer als auch im Winter in Kolonien mit gemeinsamen Pfaden und Futterplätzen lebt, scheinen diese Gemeinschaften nicht als Kollektiv zu fungieren. Es gibt keine soziale Zusammengehörigkeit, und jedes Tier tritt individuell auf. Trotzdem ist das System erfolgreich, zumindest so lange die Populationsfrequenz niedrig ist. Wenn sich der Bestand erhöht, kommt es auch zu mehr Streitigkeiten zwischen den Individuen. Die Tiere sind aggressiv gegeneinander, sie „schimpfen" einander buchstäblich aus, was ständigen Streit und Raufereien zur Folge hat. Es ist paradox, daß eine in Gemeinschaften lebende Art so unterschiedlich reagiert.

Ebenso steht die außerordentliche Scheu des Berglemmings beim Zusammentreffen mit Menschen und anderen Tieren in normalen Jahren in starkem Kontrast zu der für ein Nagetier unerhörten Aggressivität, dem Lärmen und der Wut, die sie in Lemmingjahren bei ähnlichen Zusammentreffen an den Tag legen. Nicht alle Tiere weisen diese reizbare Stimmung auf. Hauptsächlich sind es „heimatlose" Berglemminge, die schutzlos und so unschlüssig sind, während zum Beispiel trächtige Weibchen, die fast immer wissen, wo sie in ihrem festen Aufenthaltsgebiet Schutz suchen sollen, ohne Geschrei und Quietschen schnell in ihren Löchern verschwinden. Mitunter können Lemminge auch in normalen Jahren beim Quartierwechsel „Lemmingjahrnervosität" aufweisen, wenn sie sich auf der Wanderung zwischen Sommer- und Winterquartier in unbekanntem Gelände befinden. Selbst schwimmende Lemminge zeigen die gleichen aggressiven Reaktionen; es fällt ihnen aber im Wasser schwer, dem Störenfried mit den gleichen Ausfällen zu begegnen wie an Land.

Auch junge Lemminge haben das gleiche aggressive Temperament. Selbst Junge, die erst 10 bis 12 Tage alt und noch blind sind, reagieren auf die für die Art charakteristische Weise mit Zurückwerfen des Kopfes, Zähnezeigen und starken Pieplauten, wenn man sie anfaßt. Im Alter von 14 Tagen reagieren die Jungen auf fremde Lemminge auf die gleiche Weise wie die erwachsenen Tiere.

Praktisch in der ganzen schwedischen Literatur werden die Lemminge als Tiere mit einem sehr reizbaren Temperament beschrieben. Es stimmt allerdings, daß eine Anzahl Bergwanderer, die das kleine Nagetier bemerkt haben, „unhöflich" behandelt wurden. Bebend vor Aufregung zischt, murmelt und schreit der Berglemming, ohne Schutz zu suchen. Ein an sich unnützes Verhalten für ein wildes Säugetier.

Analysiert man dieses Auftreten des Berglemmings eingehender, stellt man bald fest, daß das scheinbar temperamentvolle Verhalten nicht generell ist. Erstens kommt es nicht in „normalen" Jahren vor. In diesen Jahren ergreifen die wenigen Lemminge, denen man zufällig begegnet, in der Regel ohne irgendwelche Demonstrationen die Flucht, außer man versucht, die Tiere zu fangen. Zweitens fand ich zumindest in Lemmingjahren, daß manche Lemminge mitten zwischen den schreienden demonstrierenden Verwandten ver-

Abb. 31. Drohstellung gegen einen Feind. Nach A. A r v o l a, M. I l m é n und T. K o p o n e n 1962

suchten, ohne einen Laut so schnell wie möglich zu verschwinden. Bei der Kontrolle zeigte sich, daß diese stillen Lemminge ohne Ausnahme hochträchtige Weibchen waren. Sie haben einen so breiten Hinterkörper, daß man, wenn man einige gesehen hat, deren Zustand sofort bestimmen kann: Alle solche breithüftigen Tiere verschwanden immer ohne hörbare Laute in Löchern.

Beide Geschlechter zeigen das aggressive Verhalten. Bei der Untersuchung schreiender Weibchen konnten wir nicht feststellen, daß sie trächtig waren. Auch Junge, die gerade erst selbständig geworden waren, zeigten den gleichen Erregungszustand wie die älteren Tiere.

Welche Schlußfolgerungen lassen sich nun aus diesem Verhaltensunterschied teils zwischen verschiedenen Jahrgängen und teils trächtigen Weibchen und allen anderen Lemmingen im gleichen Gebiet ziehen? Die Berglemminge schreien nicht nur, wenn man gerade auf sie zukommt, sondern auch, wenn sie ein ganzes Stück von dem mutmaßlichen Angreifer entfernt sind, der sie nie entdeckt hätte, wenn sie still gewesen wären. Infolgedessen kann es für das Individuum kaum Überlebenswert haben, sein Vorkommen auf diese Art anzukündigen, wohl aber für die Art, da die trächtigen Weibchen lautlos und schnell Schutz suchen, so leicht entkommen, während sich die Aufmerksamkeit auf die lärmenden Lemminge richtet. Jedoch gibt es auch Unterschiede im Verhalten der schreienden Lemminge.

Nachdem der Lemming eine Weile so protestiert hat, kann auch er schnell irgendwo unterschlüpfen. In der Zwischenzeit haben die trächtigen Weibchen Schutz gefunden, und das vermutliche Ziel ist erreicht. Man kann nicht ohne weiteres den Gedanken akzeptieren, daß das Geschrei der nichtträchtigen Berglemminge sich entwickelt habe, um als Warnsignal gerade für die trächtigen Lemminge zu fungieren, während andere Lemminge nicht darauf reagieren, sondern bei Gefahr trotz Warnungen auf der Erdoberfläche verbleiben und oft selbst schreien.

Daß die trächtigen Weibchen von den Signalen der übrigen Berglemminge einen Vorteil haben, scheint nur ein sekundärer Effekt zu sein, der in Verbindung mit dem abweichenden Verhalten solcher Weibchen von den übrigen Individuen zweifellos für die Art einen Überlebenswert hat. Vieles weist darauf hin, daß die hochträchtigen Weibchen am Platz bleiben, und vielleicht sind es gerade deren Nachkommen, die dafür sorgen, daß ein kleiner Stamm in der normalen Lebensstätte der Art verbleibt.

Die Erklärung für das heftige Reagieren auf Störungen gerade in Jahren, in denen die Art in dichten Populationen vorkommt, muß anderweitig gesucht werden. Vermutlich ist die Ursache nervöser Art und muß unter Berücksichtigung der Faktoren gesehen werden, die den Lemmingstamm während seiner Massenjahre in eine labile Lage versetzen. Die Reizbarkeit kann also darauf beruhen, daß sich die demonstrierenden Lemminge nicht auf dem eigenen Platz befinden, was dagegen bei den seßhaften hochträchtigen Weibchen der Fall ist. Die ersteren sind vermutlich nomadisierende Individuen, die, da sie das Gebiet, in dem sie sich im Augenblick aufhalten, mit all seinen Schlupfwinkeln und Schutzmöglichkeiten nicht genau kennen, desorganisiert sind und bei Gefahr nicht automatisch ihre eigenen Löcher aufsuchen können. Das tun sowohl Lemminge in gewöhnlichen Jahren als auch andere Kleinnager schnell in den eigenen Revieren.

Das Schreien offensichtlich wandernder Lemminge in der Nadelwaldzone ist so ausgeprägt, daß sie schon von weitem auf fremde Laute mit Geschrei reagieren, ohne sehen zu können, worum es sich handelt (Curry-Lindahl 1961b). Das Verhalten hat in gewissen Fällen eine einschüchternde Wirkung auf Angreifer (siehe Seite 55).

7.6. Beziehungen zueinander und zum Revier

Wie aus dem letzten Kapitel hervorgeht, ist der Berglemming ein ausgeprägt individuelles Tier. Beim Studium einer Berglemminggemeinschaft in einem Lemmingjahr kann man feststellen, daß manche Tiere bei Begegnungen in den Gängen einander tolerieren, während es bei anderen zu Kämpfen kommt, die selbst mit dem Tod enden können. Allem Anschein nach ist die

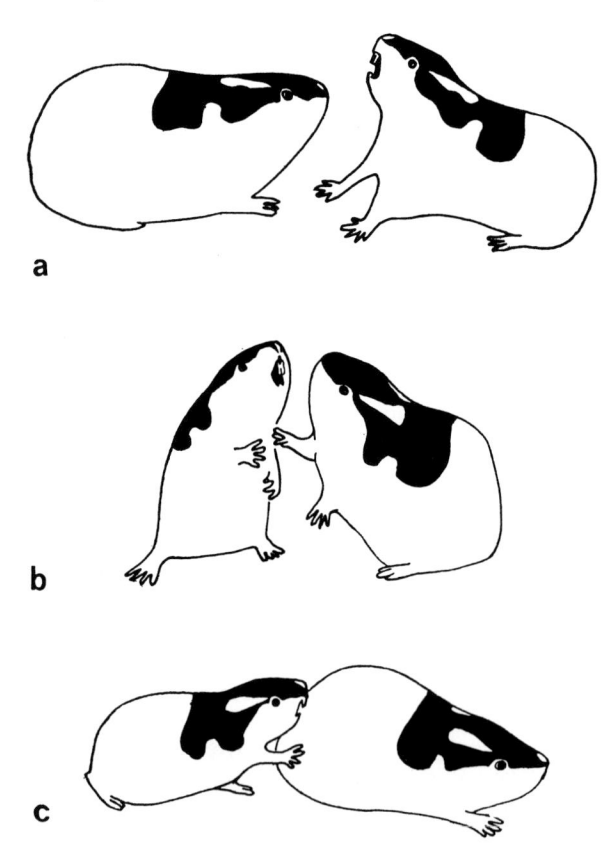

Abb. 32. Das Weibchen weist ein werbendes Männchen ab. a das Weibchen nimmt eine drohende Haltung ein (rechts), b Boxen, Weibchen links, c das Weibchen jagt das Männchen davon und beißt es in den Hinterkörper. Nach A. Arvola, M. Ilmén und T. Koponen 1962

Aggressivität zwischen einigen Berglemmingen gehemmt, während andere Lemminge sofort aus dem besetzten Gebiet verwiesen werden. Dies deutet darauf hin, daß eine Gruppe Lemminge ein gemeinsames Revier hat und darin jedes Individuum ein Mindestterritorium mit einem Nest oder einer Höhle als Zentrum.

Aus guten Gründen ist anzunehmen, daß seßhafte Weibchen ein Revier innehaben, während die Männchen ein mehr oder weniger vagabundierendes Leben führen und verschiedene Gemeinschaften und verschiedene Weibchen aufsuchen. Diese Hypothese gründet sich auf die Tatsache, daß Weibchen, die in einem Gebiet ansässig sind, sich vertragen, nachdem sie einander identifiziert haben. Offenbar fremde Weibchen werden davongejagt, wobei das Tier, das um sein eigenes Revier kämpft, dominiert und siegreich ist. Eine Regel, die für beinahe alle revierhaltenden Wirbeltiere gilt.

Alle Männchen scheinen von den ansässigen Weibchen unerbittlich weggejagt zu werden, wenn die letzteren nicht brünstig sind. Die Männchen scheinen immer zur Paarung bereit zu sein, außer einer kurzen Zeit nach durchgeführter Kopulation. Es kann passieren, daß ein Weibchen eifrig um ein Männchen wirbt, mit dem es sich gerade gepaart hat, doch dann ist dieses gleichgültig.

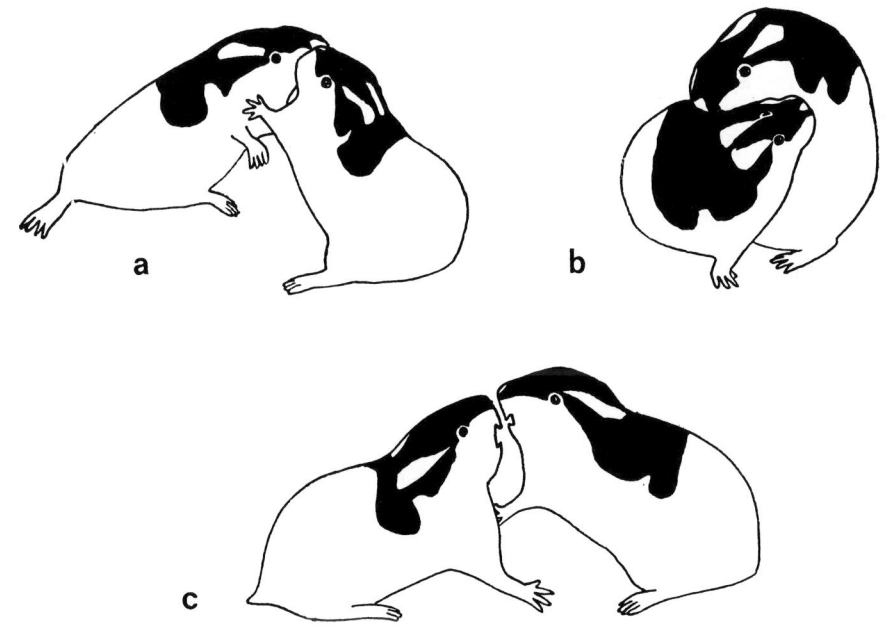

Abb. 33. Kampf zwischen zwei Männchen. a erste Phase: Boxen und Beißen in die Nase, b die Tiere rollen herum und beißen einander in den Vorderkörper, c der Berglemming auf der linken Seite nimmt Angriffsstellung ein, das Tier auf der rechten Seite zieht sich zurück. Nach A. A r v o l a, M. I l m é n und T. K o p o n e n 1962

Wenn Männchen einander treffen, scheint es unabhängig vom Ort, immer zu Auseinandersetzungen zu kommen, die mit oder ohne Rauferei mit der Flucht des einen enden. Mitunter kann ein Streit zu so schweren Verletzungen führen, daß eines der Männchen stirbt. Die Häufigkeit der Raufereien wächst jedoch mit der Populationsdichte. Gewöhnlich führt das Zusammentreffen der Männchen nicht zu Raufereien. Sie schreien und nehmen eine drohende Stellung ein, gehen aber dann bald jedes in seiner Richtung weiter.

Vor allem Studien der Berglemminge in Gefangenschaft haben zu einem größeren Verständnis der sozialen Beziehungen geführt. Wichtige Beiträge wurden von Arvola et al. (1962) geliefert, der im Detail beschreibt, wie Männchen bzw. Weibchen sich teils untereinander und teils beim Zusammentreffen miteinander verhalten. Wenn Berglemminge einander begegnen, so beschnüffeln sie sich gegenseitig (Nasenkontrolle). Wenn zwei Männchen einander begegnen, reicht meist eine Nasenkontrolle, um zu Streitigkeiten zu führen. Die Männchen stoßen einander, ringen miteinander und beißen sich. Es ist nicht etwa harmlose Auseinandersetzung, sondern blutiger Ernst. Wenn beide ermattet sind, kann der Kampf einige Minuten unterbrochen und danach von neuem aufgenommen werden, bis eines der Männchen die Flucht ergreift.

Weibchen, die auf ihnen bekannten, neutralen Gebieten oder in ihrem eigenen Revier einander treffen, gehen gewöhnlich nach Nasenkontrolle ihren Weg weiter. Treffen sie sich in einem für sie unbekanntem Gebiet, oder eines der beiden ist gerade gekommen und konnte noch kein System von Gängen bauen, oder wenn die Weibchen beim Umzug sind, kommt es gewöhnlich zu Raufereien. Das letztgenannte Verhalten scheint durch die für die Berglemminge so charakteristische Nervosität und Aggressivität verursacht zu werden, die eintritt, wenn sich das Tier in einem unbekannten Gebiet befindet, in dem es sich noch nicht orientieren konnte und dessen Schutzmöglichkeiten ihm nicht bekannt sind.

Ein Weibchen, das eine Höhlung in Besitz genommen hat, ob es nun dort ein Nest hat oder nicht, weist fast immer Lemminge des anderen Geschlechts energisch ab, die versuchen, dort einzudringen. Kurz vor der Niederkunft grenzt das Weibchen ein kleines Revier um das Nest herum ab, das es gegen alle anderen Lemminge verteidigt, also auch gegen Nachbarweibchen, die es kennt. Zu Kämpfen kommt es nicht, denn ein Eindringling in das Revier zieht sich zurück, sobald der Besitzer sich zeigt oder hören läßt. Junge unerfahrene Lemminge sind sich nicht immer der Gefahr bewußt. Anstatt vor dem angreifenden Weibchen zu fliehen, bleiben sie sitzen und werden dann getötet.

Somit wird die Aggressivität des Berglemmings von verschiedenen Faktoren bestimmt, wie Revierbesetzung, Verhältnis zwischen den Geschlechtern, Trächtigkeit, Junge im Nest, Populationsfrequenz usw. Allgemein kann gesagt werden, daß alle Berglemminge aggressiv sind, sobald sie sich in einem für sie unbekannten Gebiet oder in einem noch nicht fertiggebautem Gangsystem befinden. Für das Anlegen eines Gangsystems zwischen Schutzraum,

Wohnraum und Nahrungsstelle, das ein Berglemming benötigt, um sich sicher zu fühlen, können 8 bis 14 Tage vergehen. Dies erklärt, warum Berglemminge auf Wanderungen, sowohl bei kurzem als auch längerem Umzug, so aggressiv auftreten und daß die Art besonders in Lemmingjahren angriffslustig zu sein scheint, in denen eine große Anzahl ohne festes Revier ist.

Die einzigartige Aggressivität des Berglemmings ist ein Charakteristikum, das für die Art von Bedeutung sein muß und Überlebenswert hat. Einige der folgenden Kapitel (Fortpflanzung, Populationsausbruch, Quartierwechsel, lange Wanderzüge und Populationszusammenbruch) werden darauf eingehen.

Die Angriffsbereitschaft der Art hat auch direkte Funktionen. Der Berglemming kann sich bei Zusammentreffen mit Menschen und Tieren sowie beweglichen Gegenständen, die er als Gefahr betrachtet, zur Raserei steigern. Zischend, murmelnd, knirschend und vor Erregung oder Wut zitternd − so scheint es zumindest − kann er mit gesträubten Haaren und zähnezeigend sowohl Scheinausfälle als auch richtige Ausfälle unternehmen. Er kann einen größeren Feind anspringen und sich sogar festbeißen. Es ist klar, daß eine solche reizbare und ungewöhnliche Verteidigungshaltung ein kleines Nagetier (das nicht Zugang zu einem Schutzraum hat) schützen kann, indem zumindest einige von seinen Feinden abgewiesen werden. Zeugnisse dafür gibt es. So ist es den Berglemmingen durch ihre Verteidigungshaltung gelungen, sowohl Hermeline als auch eine angreifende Krähe zum Rückzug zu zwin-

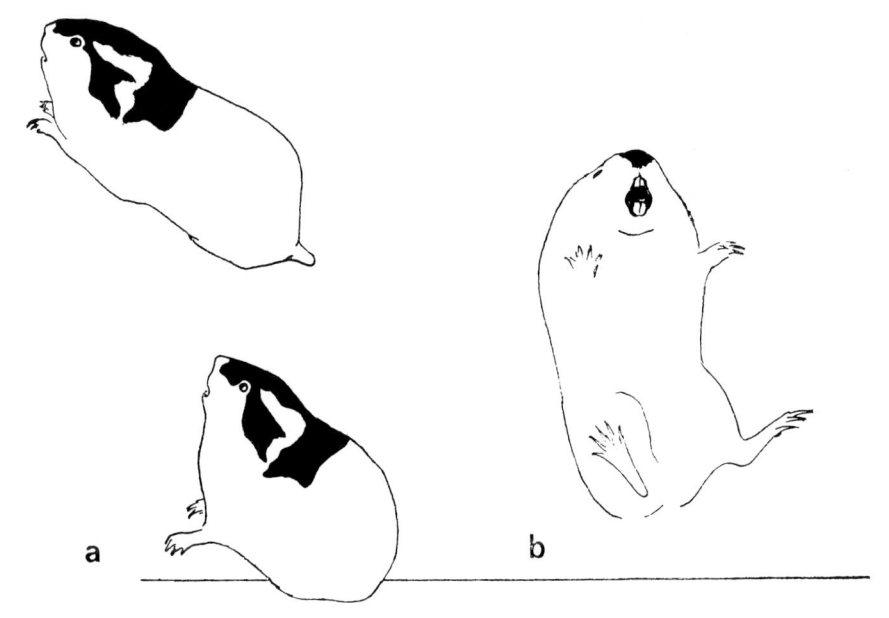

Abb. 34. Zwei Beispiele für einen Anfallsprung des Berglemmings gegen einen Feind. Nach A. A r v o l a, M. I l m é n und T. K o p o n e n 1962

gen (K o p o n e n et al. 1961, M y l l y m ä k i et al. 1962, K a l e l a 1965). Ich habe selbst gesehen, wie die Angriffslust von Hunden, Hermelinen, einem Mauswiesel, Falkenraubmöwen und einem Raubwürger verschwand, als deren gedachte Beute sich wütend zur Gegenwehr setzte. Die Vorsicht, mit der Wölfe, Rotfüchse und Eisfüchse Berglemminge angreifen, die eine Verteidigungsstellung eingenommen haben, spricht auch dafür, daß die kleinen Tiere Respekt einflößen.

8. Nahrung

Ist es die Nahrung oder das Klima, welches die Tundra und die Flechten- und Weidenzonen des Gebirges zu den vorherrschenden Biotopen des Berglemmings machen? Wie die Antwort auch ausfällt, der Berglemming hat sich weitgehend diesem kargen Milieu angepaßt. Er findet dort eine große Auswahl an Nahrung: Gras, Moose, Knospen, Blumen, Beeren, Blätter, Kraut, Borke und Wurzeln. Je nach Jahreszeit kann der Berglemming diese verschiedenen Pflanzen und Pflanzenteile verzehren, wobei er zum Beispiel Moosen und Seggen deutlich den Vorzug gibt. Die Art schätzt gewöhnlich Moose verschiedener Gattungen, während Torfmoos *(Sphagnum)* kaum verzehrt wird. Im Winter scheinen die Moose die Hauptnahrung zu sein, denn die Wintergebiete des Berglemmings befinden sich in erster Linie auf moosreichen Gebieten der Bergheiden. Auch im Sommer bilden die Moose einen wichtigen Nahrungsteil, aber zu dieser Zeit gibt es reichlich andere nahrungsreiche Kost, zum Beispiel Seggen. Wahrscheinlich benötigt der Berglemming frische Teile der Moose und Gräser zur vollen Gesunderhaltung.

Im Frühjahr kann man nach der Schneeschmelze feststellen, wie der Berglemming innerhalb eines ziemlich begrenzten Gebietes (die Gebiete sind im Sommer viel größer) die Moosdecke beinahe bis zur Erdoberfläche abgeweidet hat. Entsprechende Vegetation „außer Reichweite" des winterlichen Gangsystems ist nicht verbraucht. Der Unterschied ist enorm! Nach einem solchen Abweiden kann es mehrere Sommer dauern, bevor sich die Moose erholt haben. Die Berglemminge kehren in den darauffolgenden Wintern nicht zu solchen abgeweideten Stellen zurück. Im Winter 1969—1970, der den Auftakt zu einem Lemmingjahr bildete, schätzte man in Finnland, daß die Berglemminge in ihrem Winteraufenthalt etwa 60 % aller eßbaren Moose und ungefähr 80 % der Moose, die ihre Lieblingsnahrung bilden, verzehrt hatten (K a l e l a und K o p o n e n 1971).

In Finnland wurden Experimente mit der Zielstellung unternommen (K a - l e l a 1961), welche Nahrung die Berglemminge im Winter bzw. im Sommer vorziehen. Im Oktober-November (= Winter) wurden bevorzugt: 26 Moosarten (darunter nur eine Torfmoosart von vier gegebenen), sieben Grasarten und vier andere Pflanzen, von denen jedoch einige Arten für die Wintergebiete des Berglemmings absolut nicht typisch sind. Unter den Gräsern fehlten mehrere *Carex*- und *Juncus*-Arten, deren Winterknospen in großem Ausmaß vom Berglemming verzehrt werden. Als Sommernahrung (im

August) wählten die Berglemminge 13 Grasarten, fünf Moosarten und Krähenbeerenkraut. Interessant ist, daß sie im Winter weder Pilze und Flechten noch Zweige von Kiefern, Wacholder, drei Weidenarten und Birke *(Betula verrucosa)* essen.

Die finnische Untersuchung ist für die Nahrung des Berglemmings in seinem ganzen Verbreitungsgebiet während aller Monate nicht völlig verbindlich. Pilze zum Beispiel können mitunter von den Berglemmingen verzehrt werden, was ich in einem Lemmingjahr in Skandinavien in der Nadelwaldzone beobachten konnte. Auf der Halbinsel Kola zeigte sich 1938 (auch ein Lemmingjahr), daß von 124 Pilzarten 86 % von Berglemmingen angenagt waren, und 1946 (wieder ein Lemmingjahr) wurden 80 % von über 100 Arten ausprobiert (N a s i m o v i c h et al. 1948). Ebenfalls Flechten können vom Berglemming verzehrt werden, jedoch geschieht das sehr selten. Es ist augenscheinlich, daß weder Torfmoos *(Sphagnum)* noch Flechten *(Cladonia)*, die reichlich in den Biotopen des Berglemmings vorkommen, in die Nahrung der Art einbezogen sind.

Von der Halbinsel Kola berichten N a s i m o v i c h et al. (1948), daß der Berglemming 70 Pflanzenarten verzehrt, wobei auch dort Braunmoose die wichtigste Nahrung sind und Seggenarten einen bedeutenden Teil einnehmen.

Dies stimmt mit Erfahrungen aus Schweden und Norwegen überein, wo in allen von Berglemmingen besetzten Plätzen, die ich in den Flechten- und Weidenzonen untersuchte, der Anteil von Moosen und Seggen auffallend war. Von Berglemmingen oft genutzte Nahrung waren Moose der Gattungen *Hylocomium, Pleurozium, Dicarnum, Polytrichum, Conostomum* und Braunmoose verschiedener Gattungen (C u r r y - L i n d a h l 1963g, S t o d d a r t 1967). Andererseits hat es sich gezeigt, daß Berglemminge in Gefangenschaft ohne Aufnahme von Moosen leben können (R a u s c h und R a u s c h 1975).

Ein wichtiger ökologischer Faktor bei der Wahl von Winter- und Sommerquartieren durch den Berglemming ist, daß er keine welken Pflanzenteile ißt. Im Winter ist er unter der Schneedecke außerdem hauptsächlich auf die unmittelbar auf der Erdoberfläche wachsenden Pflanzen angewiesen, da er ungern völlig von Schnee umgebene Pflanzen der Feldschicht aufsucht. Viele Pflanzen halten sich unter der Schneedecke teilweise grün.

Wie früher gesagt, hat der Berglemming eine enorme Exkrementproduktion, die bedeuten muß, daß er auch einen ungewöhnlich guten Appetit hat. Nach Untersuchungen von F o l i t a r e k (1943) ißt ein Berglemming, der 50—60 g wiegt, ungefähr 100 g Grünfutter am Tag. Das bedeutet, daß er täglich zehnmal sein ganzes Verdauungssystem füllt. Gefangene Berglemminge haben 500—1000 cm^2 dichtgewachsenes Braunmoos am Tag verzehrt (F r a n k 1962).

In der Natur wurden Berglemminge beobachtet, die an Rengeweih nagten, und von der Halbinsel Kola berichten N a s i m o v i c h et al. (1948,) daß sie dasselbe mit Elchgeweih tun. Gefangene Berglemminge töteten und verzehrten eine Bergeidechse und zeigten mitunter auch kannibalische Tendenzen. In der Natur aßen sie tote Wühlmäuse (M a r s d e n 1964).

In Alaska hat der Braune Lemming tote Artgenossen verzehrt, die in Fallen unter dem Schnee geraten waren. Oft scheint der gefrorene Lemming in weniger als einer Woche gegessen zu werden, mitunter wurden nur einige wenige Knochenreste übriggelassen. Dies geschah in zwei Wintern in der Zeit von März bis Mai, was möglicherweise darauf deutet, daß die normale Nahrung im Spätwinter knapp war (M u l l e n und P i t e l k a 1972).

Der Berglemming sammelt keinen Vorrat. Man kann beobachten, wie er einen Stengel oder Ähnliches davonträgt. Der Transport geht aber nur bis zur Öffnung des Unterschlupfes, wo das Tier dann die Nahrung verzehrt.

9. Fortpflanzungspotential

Die Fortpflanzungsfähigkeit des Berglemmings ist von ausschlaggebender Bedeutung für den plötzlichen Populationsausbruch, der jahrhundertelang ein solches Aufsehen erregte, daß sich überall in der Welt Legenden und Aberglaube bildeten. Eine ungewöhnliche Sache bei einem so kleinen Nagetier mit einer derart begrenzten Verbreitung in den unwirtlichen Gebieten des hohen Nordens.

Merkwürdig ist, daß die Fragen der Populationsdynamik des Berglemmings, die Jahrhunderte hindurch die Aufmerksamkeit auf sich zogen und zu vielen Spekulationen unter den Wissenschaftlern und Laien führten, erst in den 60er Jahren unseres Jahrhunderts ernsthaft untersucht wurden. Gleichzeitige Untersuchungen in Schweden, Finnland und der Sowjetunion in der Lemmingperiode 1958—1961 ergaben unabhängig voneinander, daß die scheinbar plötzliche Bevölkerungsexplosion der Lemminge im Frühjahr eine an sich sehr natürliche Erklärung hatte: der Berglemming wird viel zeitiger geschlechtsreif als man früher angenommen hatte, und er kann sich in manchen Jahren im Winter unter der Schneedecke fortpflanzen. Dieser Umstand erklärt, weshalb die Berglemminge bei der Eisschmelze im Frühjahr unerhört zahlreich sein können, obwohl sie einige Monate früher im Herbst kaum beobachtet werden konnten. Diese scheinbar plötzliche Bestandsveränderung ist der Grund für die Auffassung in früheren Jahrhunderten, daß die Berglemminge vom Himmel regneten.

Das Phänomen hatte also eine natürliche Erklärung. Daß es so lange dauerte, bis man die Wahrheit herausbekam, beruhte darauf, daß man sich nicht vorstellen konnte, daß ein kleines Nagetier, das in einem strengen Klima 8 bis 9 Monate im Jahr unter dem Schnee lebt, sich in dieser Zeit fortpflanzen kann. Die Wahrheit war also in Wirklichkeit sehr einfach, es war aber trotzdem faszinierend, sie zu entdecken.

Die folgende Beschreibung der Fortpflanzungsbiologie des Berglemmings baut hauptsächlich auf finnischen, sowjetischen und schwedischen Felduntersuchungen auf, bei denen unabhängig voneinander entdeckt wurde, daß die Art sich auch im Winter fortpflanzt (C u r r y - L i n d a h l 1961b, 1962b,

1963d, 1963f, 1963g, 1965b, 1969, K a l e l a 1961, 1962a, 1965, 1970, K o p o n e n et al. 1961, K o s h k i n a und K h a l a n s k y 1962, M y l l y m ä k i et al. 1962, K o p o n e n 1964, 1970, A h o und K a l e l a 1966). Ergänzende Daten von Untersuchungen an gefangen gehaltenen Berglemmingen wurden von A r v o l a et al. (1962), F r a n k (1962) und M a r c s t r ö m (1966) veröffentlicht.

Die finnische Forschergruppe, die aus Olavi K a l e l a und seinen vielen Mitarbeitern bestand, war sehr aktiv und führte grundlegende Arbeiten für das Verständnis der Populationsdynamik und Populationszusammensetzung der Berglemminge aus.

Als entdeckt wurde, daß sich die Berglemminge im Winter fortpflanzen, war Winterreproduktion bei nearktischen Kleinnagern den Zoologen nicht allgemein bekannt. Als ich von den Lemmingexpeditionen im Gebirge 1960 nach Stockholm zurückkam, versuchte ich brieflich und aus der Literatur herauszubekommen, was über die Fortpflanzung der eurasischen und nordamerikanischen Kleinnager im Winter unter dem Schnee bekannt war.

Bezüglich des Berglemmings berichtete C o l l e t t (1911—1912) von Jungen, die im Dezember in Norwegen gefunden wurden. Aber dieser Pionier unter den Lemmingforschern betrachtete das Phänomen als eine außergewöhnliche Folge eines Lemmingjahres. Ähnliche, ältere Angaben aus Finnland werden von K a l e l a (1941) wiedergegeben. Die gründlichsten Untersuchungen über die Berglemminge, die es 1960 gab, kamen von den sowjetischen Forschern F o l i t a r e k (1943) und N a s i m o v i c h et al. (1948). Beide verwerfen noch den Gedanken, daß sich der Berglemming unter der Schneedecke des Winters fortpflanzt.

Bei den Sibirischen Lemmingen entdeckte D u n a j e v a (1948) bei Untersuchungen des Eisfuchses, daß dieser Lemming auf der Halbinsel Jamal in allen Wintermonaten, d. h. von November bis April, Junge haben kann. Sie fand zwar keine Nester oder lebende Junge, dagegen aber tote Junge in den Magen der Eisfüchse.

Bezüglich des Braunen Lemmings fanden S u t t o n und H a m i l t o n (1932), T h o m p s o n (1955a) und K r e b s (1964), daß sich dieser in manchen Jahren im Winter unter dem Schnee fortpflanzen kann. Später wurde festgestellt, daß sich diese Art in gewissen Jahren außer im September während aller Monate des Jahres vermehren kann (M u l l e n 1968).

Auch der Halsbandlemming kann sich sowohl in Nordamerika als auch in Asien im Winter fortpflanzen (S u t t o n und H a m i l t o n 1932, S h e l f o r d 1943, S d o b n i k o v 1957, S o k o l o v et al. 1957, K r e b s 1964). Gemeinsam für alle Lemmingarten ist nach bisherigen Funden, daß eine Winterreproduktion nur in den Jahren erfolgt, in denen sich die Population in Vermehrung befindet. Es ist schwer festzustellen, ob Fortpflanzung unter dem Schnee vorkommt, wenn die Lemmingpopulation klein ist, weshalb diese Möglichkeit nicht ausgeschlossen werden kann. Wir dürfen nicht vergessen, daß noch 1960 der Gedanke an eine Wintervermehrung des Berglemmings überhaupt abgelehnt wurde!

Und wie verhält es sich mit anderen winteraktiven nordischen Kleinnagern, die auch Bestandsschwankungen aufweisen? Können sie sich auch im Freien unter der Schneedecke vermehren? Obwohl bei den Waldmäusen die Reproduktion im Februar bis April beginnen kann, sind Brutnester unter der langen Schneedecke des Winters, so viel man weiß, nicht bekannt. Die Brandmaus *(Apodemus agrarius)* vermehrt sich jedoch im westlichen Sibirien auch im Winter.

Der Waldlemming kann sich unter dem Schnee im Dezember bis März vermehren, obwohl die Fortpflanzung gewöhnlich im Mai bis August stattfindet. Es wurde festgestellt, daß die Waldwühlmäuse in Norwegen, auf den Britischen Inseln, dem europäischen Kontinent und im westlichen Sibirien im März unter der Winterschneedecke werfen können. Auch die Polarrötelmaus im westlichen Sibirien vermehrt sich unter dem Schnee (S h u b i n und S u c h k o v a 1973).

Die Graurötelmaus, die den Biotop des Berglemmings teilt, hat auch Winternester, die aus Gras gebaut werden und auf der Erde unter der Schneedecke liegen, die Fortpflanzung begrenzt sich aber auf Mai bis September.

Die Feldmaus *(Microtus arvalis)*, die in Finnland und Dänemark vorkommt sowie eine weite Verbreitung in Europa hat, vermehrt sich das ganze Jahr, doch kaum unter dem Schnee, was jedoch in Schweden für die so gewöhnliche Erdmaus festgestellt wurde, die sich von Februar bis Oktober vermehrt. Trächtige Weibchen wurden im Februar bis März gefunden, und Nester mit Jungen dieser Art wurden im März unter dem Schnee festgestellt (C u r r y - L i n d a h l 1963b).

Es ist also nicht nur der Berglemming, der sich unter dem Schnee vermehrt. Aber er ist das einzige Wirbeltier im Norden, das dies in arktischen Verhältnissen oben auf den Bergheiden tut und dessen Reproduktionsperiode sich offensichtlich über praktisch alle Wintermonate erstrecken kann. Da nach dem Lemmingjahr 1960—1961 diese Tatsache bekannt ist, findet man es eigentlich natürlich, daß sich der Berglemming in den langen Winterperioden unter der wärmenden Schneedecke, unter der er im großen und ganzen vor Feinden geschützt ist und wo er in guten Jahren reichlich Nahrung findet, zu einem im Winter Junge werfenden Nagetier entwickelt hat. Daß sich der Berglemming in manchen Jahren praktisch das ganze Jahr über vermehrt und in anderen Jahren nur innerhalb einer kurzen Zeit, bildet den Hintergrund zu den sagenumwobenen Bevölkerungsexplosionen und langen Wanderzügen der Art. Aber auch andere fortpflanzungsbiologische Züge des Berglemmings sind ungewöhnlich und tragen dazu bei, etwas von der komplizierten Gesetzmäßigkeit zu erklären, die die Bevölkerungsdynamik der Art auszeichnet.

9.1. Geschlechtsreife

Der Eintritt der Geschlechtsreife des Berglemmings variiert stark von Jahr zu Jahr oder selbst in einem Jahr, was auf verschiedenen Faktoren beruht, unter anderem der Jahreszeit, zu der Junge geboren werden. In der Regel tritt die Geschlechtsreife bei den Weibchen etwas früher als bei den Männchen ein. Auf der Halbinsel Kola waren 1958 die im Juli geborenen Weibchen nach 30 Tagen geschlechtsreif, wohingegen die Männchen das gleiche Stadium erst nach 45 Tagen erreichten. Im Monat davor, also im Juni, waren die Weibchen am gleichen Ort bereits im Alter von 20 Tagen geschlechtsreif (K o s h k i n a und K h a l a n s k y 1962).

Im allgemeinen erreichen Junge, die in der zweiten Hälfte Juli oder später im Sommer geboren werden, ihre Geschlechtsreife erst im darauffolgenden Jahr, während im Spätwinter, Frühjahr oder Vorsommer geborene Berglemminge schneller geschlechtsreif werden und sich im gleichen Sommer mit mindestens einem Wurf vermehren. Es gibt viele Ausnahmen von diesen Regeln. In manchen Sommern erreicht vielleicht die Mehrzahl der geborenen Lemminge nicht die Geschlechtsreife, was bedeutet, daß die Vermehrung in solchen Jahren sehr gering ist.

Bei jungen Berglemmingen, die im Sommer die Geschlechtsreife nicht erreichen, hört auch das Wachstum auf, während die im gleichen Sommer früher geborenen Lemminge schnell bis zum Erwachsenenstadium wachsen (K o p o n e n 1970).

Aus einem umfangreichen finnischen Material von 1960 geht hervor, daß alle oder fast alle Weibchen, die vor Mitte Juni oder früher geboren werden, ihre Geschlechtsreife zwischen dem 22.–27. Lebenstag erreichen, einige wurden offensichtlich auch bereits nach 16 Tagen befruchtet (K o p o n e n 1970). In Gefangenschaft waren finnische Berglemmingweibchen bereits noch früher sexuell aktiv: ein Weibchen muß im Alter von 15 Tagen befruchtet worden sein (K a l e l a 1961) und ein anderes, als es 12 Tage alt war (F r a n k 1962).

Nach K o p o n e n ' s umfangreichem Material waren 95 % der vor Mitte Juni oder früher geborenen Weibchen im Alter von 27 bis 39 Tagen geschlechtsreif.

Die Verhältnisse können auch in Lemmingjahren von Jahr zu Jahr unterschiedlich sein. 1970 war zum Beispiel gebietsweise ein Jahr mit großen Vermehrungsraten, auch im Kilpisjärvigebiet, von dem K o p o n e n ' s Material von 1960 stammt. 1970 zeigte sich, daß nur sehr wenige der in diesem Sommer geborenen Lemminge noch im gleichen Sommer ihre Geschlechtsreife erreichten.

Wie schnell Berglemminge geschlechtsreif werden, die unter der Mittwinterschneedecke geboren werden, ist noch nicht festgestellt. Auf jeden Fall hat es den Anschein, daß wahrscheinlich die im März Geborenen bereits im April bis Mai ihre Geschlechtsreife erreichen.

Als in den 60er Jahren endlich entdeckt wurde, daß der Berglemming außergewöhnlich zeitig geschlechtsreif werden kann, erschien sein Vermehrungspotential in einem anderen Licht. Früher hatte man sich Jahrzehnte auf C o l l e t t ' s Angaben (1911–1912) von Norwegen verlassen, daß die Art erst im Alter von etwa vier Monaten geschlechtsreif wird. Diese Angaben können sehr wohl stimmen, jedoch gelten sie für Tiere, die spät im Sommer geboren werden (siehe oben).

Die flexible Geschlechtsreife des Berglemmings und seine variierenden Fortpflanzungszeiten in verschiedenen Jahren (siehe Seite 60) bringen mit sich, daß die Populationen in der Alterszusammensetzung sehr heterogen sind. Im Gegensatz zu anderen Kleinnagern in den gleichen Gegenden kann der Berglemmingbestand nach Fortpflanzung im Winter bereits im Frühjahr viele verschiedene Altersgruppen und Größenklassen enthalten.

9.2. Kopulation

Sexuell reife Männchen machen Paarungsversuche, sobald sie ein ausgewachsenes Weibchen treffen. Bereits in einem Abstand von 10—20 m kann man hören, was geschieht, denn das Männchen beginnt während des Vorspiels, oft sowie es Sicht- oder Geruchskontakt mit einem Weibchen erhält, einen zwitschernden Gesang (den wir bereits auf Seite 33 beschrieben haben). Das Paar beginnt sein Vorspiel, indem es seine Nasen beschnüffelt, und wenn das Weibchen willig ist, beschnuppern sich beide auch gegenseitig in der Aftergegend. Dabei hebt das Männchen mit seinem Kopf den Hinterteil des Weibchens fast hoch. Danach versucht es, seine Partnerin zu besteigen, doch sie entschlüpft ihm oft oder wendet sich dem Männchen zu, setzt sich auf die Hinterbeine und schlägt mit den Vorderbeinen, worauf das Männchen in der gleichen Weise antwortet, bevor es erneut versucht, sie von hinten zu besteigen. Beide wiederholen ihr Verhalten, bis es zur Kopulation kommt.

Für die Kopulation benötigen die Tiere nur wenige Sekunden, jedoch kann sie mehrmals mit nur kurzen Minuten Pause wiederholt werden. Das Weibchen kann dann auch ein anderes Männchen akzeptieren als das, mit dem es vor wenigen Minuten kopulierte. Obwohl die Männchen fast immer zur Paarung bereit sind, kann es geschehen, daß ein Weibchen die Initiative ergreift und versucht, das Interesse des Männchens zu wecken (siehe Seite 53).

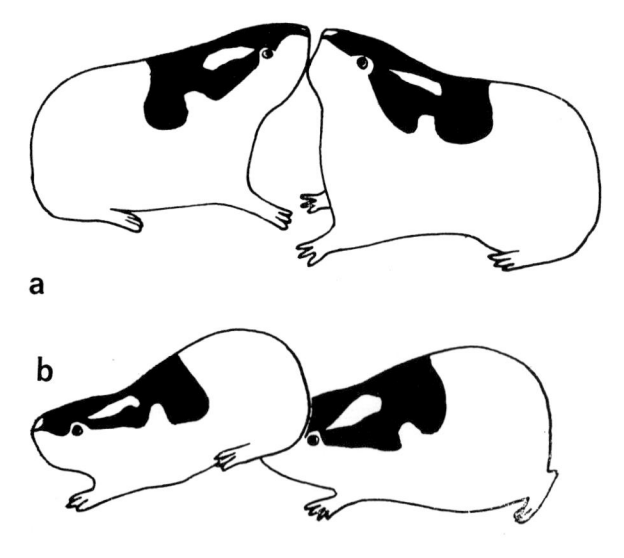

Abb. 35. Vorspiel vor der Paarung. a Nasenkontrolle, Männchen rechts, b Analkontrolle, Männchen rechts. Nach A. Arvola, M. Ilmén u. T. Koponen 1962

Arvola et al. (1962) und Frank (1962) haben eingehende Beschreibungen des Paarungsverhaltens des Berglemmings in Gefangenschaft gegeben. Der letztere sah ein paar Berglemminge in einer halben Stunde mehr als 50mal kopulieren!

9.3. Trächtigkeitszeit

Die Trächtigkeit dauert bei den Berglemmingen 20 bis 21 Tage, kann jedoch zwischen 18 bis 22 Tagen variieren. Mikroskopisch kann die Trächtigkeit erst fünf Tage nach der Befruchtung gesehen werden.

9.4. Fortpflanzungszeiten

Die Fortpflanzung scheint gewöhnlich im April bis Mai zu beginnen, wenn das Weibchen im zeitigen Frühjahr einen ersten Wurf haben kann. In manchen Jahren gibt es aber auch mehrere Würfe im Winter. Kommt das Frühjahr spät, kann sich die Fortpflanzung verzögern und erst in der zweiten Junihälfte beginnen. Anscheinend ruft die Schneeschmelze eine Unterbrechung in der Fortpflanzungsaktivität hervor, jedoch wurden in manchen Jahren Junge sowohl zu Beginn als auch Ende Mai und im ganzen Juni geboren, während in anderen Jahren die Fortpflanzung im April bis Mai ruhte. Zu dieser Zeit kommt es oft zu Katastrophen aufgrund von Überschwemmungen und anschließendem Wiedergefrieren, wobei die Jungen in den Nestern umkommen.

Auch das Ende der Fortpflanzungszeit im Sommerhalbjahr variiert. Mitunter wird sie im Juli abgeschlossen, in anderen Jahren erst im August oder September. In manchen Jahren kann die Fortpflanzung noch im September intensiv sein (Nasimovich et al. 1948), während sie in anderen Jahren den ganzen Sommer auf einem niedrigen Stand ist. Im allgemeinen ist die Frequenz im Sommer hoch mit großen Würfen und nimmt dann allmählich mit immer kleineren Würfen ab. Dies kann möglicherweise an der Qualität der Nahrung liegen, die zu Beginn der Vegetationszeit im Juni nahrhafter und vitaminreicher ist als später im Sommer und zeitigem Herbst.

In manchen Jahren wird das Berglemmingweibchen einige Stunden oder Tage nach einem Wurf wieder brünstig und erneut befruchtet. Daher können in einem günstigen Jahr die Würfe sehr schnell hintereinander kommen. In Gefangenschaft brachte ein Weibchen acht Würfe direkt hintereinander mit einem Zwischenraum von im Durchschnitt 21 Tagen (Marcström 1966).

Obwohl die Fortpflanzung im Winter bedeutend sein kann und die Population im Mai bis Juni einen starken Einschlag von „Winterlemmingen" aufweist, führt die Fortpflanzung im Sommer in Lemmingjahren zu einem so schnellen Bevölkerungszuwachs, daß die Winterlemminge bei Kilpisjärvi in Finnland Ende Juli (1960) nur 10 % des Bestandes ausmachten, während die übrigen im gleichen Sommer geboren waren (Koponen 1970).

Aus natürlichen Gründen ist die Fortpflanzung im Winter weniger bekannt als die im Sommer, doch scheint sich der Berglemming in manchen

Jahren den ganzen Winter hindurch vermehren zu können. Auf der Halbinsel Kola fand man im Frühjahr 1958 Berglemminge im Alter von ein bis zehn Monaten, die Folge einer intensiven Wintervermehrung (K o s h k i n a und K h a l a n s k y 1962). Dies stimmt im großen und ganzen mit der Fortpflanzung des Braunen Lemmings überein (M u l l e n 1968). In Norwegen, Schweden und Finnland wurden Berglemmingwürfe in folgenden Monaten geboren: März bis September und Dezember. Es ist wahrscheinlich, daß sich die Art auch im Norden in manchen Jahren in der Zeit von Oktober bis November bzw. Januar bis Februar vermehrt. C o l l e t t (1911 bis 1912) beobachtete eine Paarung Ende November.

Andererseits wurde auch festgestellt, daß sich die Berglemminge in manchen Wintern überhaupt nicht reproduzieren. Dies war der Fall nach einem Lemmingjahr auf der Halbinsel Kola im Winter 1958 bis 1959 (K o s h k i n a und K h a l a n s k y 1962).

Der Reproduktionsrhythmus im Sommer 1960, dem eine Fortpflanzungszeit im Winter voranging, zeigt in mehreren Untersuchungsgebieten im schwedischen Lappland drei Maxima: April bis Anfang Mai, Ende Juni bis Juli und zweite Augusthälfte bis September. Es war aber offensichtlich, daß die Fortpflanzung in diesen Gebieten ununterbrochen von Juni bis August fortdauerte. 1960 war ein Lemmingjahr, das 1961 weiterging. Die gleiche Situation wiederholte sich im folgenden Lemmingjahr. Die Saisonwanderungen im Mai bis Juni bzw. Juli bis September (siehe Seite 72) erzwingen gewöhnlich eine Unterbrechung der Fortpflanzung, zumindest in den Jahren und in den Gegenden, in denen es zu bedeutenden Wanderungen kommt. Führen diese nur einige 100 m weit, dauert die eigentliche Wanderung nicht so lange, hingegen jedoch das Anlegen von Gängen, Unterschlupfmöglichkeiten und Nestern in den neuen Gebieten.

In Alaska fand M u l l e n (1968) während einer sechsjährigen Untersuchungsperiode, die dem Braunen Lemming galt, daß die Dauer der Sommerreproduktion mit ungefähr 30 Tagen von Jahr zu Jahr variieren kann, daß aber die Fortpflanzungsaktivität jedes Jahr im August aufhört. Letzteres gilt auf jeden Fall nicht für den Berglemming, der sich im ganzen August bis weit in den September hinein vermehren kann. Der Sibirische Lemming kann sich das ganze Jahr fortpflanzen und hat dann fünf bis sechs Generationen (S v a r c et al. 1970).

9.5. Z a h l d e r J u n g e n

Die Anzahl der Würfe im Sommerhalbjahr (April bis September) wurde auf 4 bis 5 in guten Jahren geschätzt, wobei die Intervalle zwischen den Geburten bis zu mindestens 23 Tage betrugen. Wenn außerdem Winterwürfe vorkommen, kann die Anzahl der Würfe im Kalenderjahr bis auf 6 oder 7 steigen, in manchen Jahren vielleicht noch mehr.

Da die Sommer- und Winterreproduktion des Berglemmings bedeutende Unterschiede aufweisen, motiviert dies eine Aufteilung in verschiedene Abschnitte.

9.5.1. Sommerwürfe

Wenn wir mit „Sommer" die Zeit meinen, die in dem Hauptverbreitungsgebiet des Berglemmings beginnt, wenn der meiste Schnee geschmolzen ist, so bedeutet dies, daß der Beginn des Sommers von Jahr zu Jahr sehr wechselt. Dies hat großen Einfluß auf die Sommerfortpflanzung des Berglemmings und die Anzahl der Würfe. In günstigen Jahren sind drei Würfe von Juni bis August die Regel, in außergewöhnlichen Jahren jedoch vier bis fünf Würfe von April/Mai bis September. Diese Würfe lassen also einen Reproduktionsrhythmus des Bestandes mit 3 bis 5 Spitzen in der Reproduktionskurve erkennen. Das bedeutet nicht unbedingt, daß alle Weibchen der Population, die ab April geschlechtsreif sind, 3 bis 5 Würfe haben, obwohl sich gezeigt hat, daß dies für manche Individuen stimmt. Auf der Halbinsel Kola brachte 1958 die Mehrzahl der Weibchen drei Würfe von Juni bis August, und dies war ebenfalls 1953—1954 auf der Karlovinsel der Fall, wo einige Weibchen vermutlich auch einen vierten Wurf hatten (Koshkina und Khalansky 1962b).

Weibchen, die im Vorsommer geboren wurden, bringen in einem günstigen Jahr zwei, vielleicht drei Würfe, bevor der Sommer zu Ende ist. Die Mehrzahl der einjährigen und im Winter geborenen Weibchen produziert im darauffolgenden Sommer drei, vielleicht vier Würfe (Koponen 1970). Diese Ziffern gelten für Lemmingjahre. Die Fortpflanzungsfrequenz in den populationsschwachen Sommern ist noch unbekannt.

Die Anzahl der Jungen in einem Wurf variiert zwischen zwei und elf, doch wurden in einem Weibchen 13 Embryos festgestellt (Wildhagen 1953). Die Anzahl der Embryos ist nicht gleichbedeutend mit der Anzahl geborener Junge. Eine gewisse Sterblichkeit kann bereits in der Gebärmutter vorkommen, wobei die toten Embryos absorbiert werden. In meinem Material von Lappland, Norwegen und Finnland waren gewöhnlich drei bis sechs Junge in den Nestern. In Norwegen beträgt die Embryoanzahl gewöhnlich 5 bis 7 (Wildhagen 1953). Es kann keine Durchschnittszahl gegeben werden, da die Größe der Würfe stark variiert, sehr vom Zeitpunkt des Sommerbeginns abhängt und auch von Jahr zu Jahr schwankt. Auch die Größe und das Alter des Weibchens spielen eine Rolle.

Im Lemmingjahr 1958 hatten auf der Halbinsel Kola alte Weibchen im Durchschnitt 6,6 Junge und junge Weibchen 4,8. Der erste Wurf der älteren Weibchen im Juni war mit im Durchschnitt 6,9 Jungen der größte, die zweiten Würfe im Juli umfaßten 6,7 Junge und die dritten im August 5,6 Junge. Der erste Wurf der jungen Weibchen im Juli enthielt im Durchschnitt 5,1 Junge und der zweite im August 4,1 Junge (Koshkina und Khalansky 1962).

9.5.2. Winterwürfe

Winter ist hier die Zeit von Oktober bis März. Die Kenntnisse von der Winterreproduktion des Berglemmings in manchen Jahren ist noch immer zu einem großen Teil in (Schnee-)Dunkel gehüllt. Wir wissen, daß im Oktober eine Pause in der Fortpflanzung eintritt, die im September beginnen kann; aber bereits im November ist die Art wieder in der Vermehrung aktiv, und sowohl im Dezember als auch im März wurden Junge produziert. Was im Januar bis Februar geschieht, ist noch immer unbekannt, doch wissen wir, daß der Berglemming in einem Lemmingjahr 2 bis 3 Würfe in der Winterperiode haben kann (Koshkina und Khalansky 1962). Die Fortpflanzung des Braunen Lemmings ist außer in den Monaten Juni bis August am aktivsten im Januar bzw. im März (Mullen 1968).

Die Winterwürfe sind kleiner als die Sommerwürfe. Sie können aus 1 bis 7 Jungen bestehen, doch sind es gewöhnlich 2 bis 4. Der Durchschnitt beträgt 3,7 Junge (Koshkina und Khalansky 1962).

Das auf Embryos der in der Natur gefangenen Berglemminge bzw. auf Neugeborene in Gefangenschaft bezogene Geschlechtsverhältnis ist 50:50 (Kalela 1961).

9.5.3. Die Entwicklung der Jungen

Das neugeborene nackte Junge wiegt 2—5 g (Folitarek 1943, Wildhagen 1953, Kalela 1961, Frank 1962). Wenn die Tiere sechs Tage alt sind, ist die Haut mit einem feinen Flaum bedeckt und die Farbzeichnung bereits die eines erwachsenen Tieres. Nach 10 bis 14 Tagen können die Jungen sehen, sie wiegen 9—15 g und beginnen, Pflanzennahrung direkt vor dem Nest zu verzehren, in das sie noch eine Woche lang zurückkehren. Sie saugen in den ersten 14 bis 15 Tagen und sind im Alter von 15 bis 20 Tagen selbständig. Sie wiegen dann 13—20 g.

Wie gesagt, wachsen die Jungen unterschiedlich schnell, was auf den Zeitpunkt der Geburt zurückzuführen ist. Ein Männchen, das im April bis Juni geboren wird, wächst gewöhnlich rasch, so daß es nach drei Wochen ungefähr 100 mm lang sein und 30 g wiegen kann; nach fünf Wochen sind die Werte 120 mm bzw. 50 g und nach zwei Monaten 130 mm bzw. 70 g (Kalela 1961). Bei Jungen, die Ende Juni oder später geboren werden, verzögert sich das Wachstum, wenn sie ein Gewicht von ungefähr 30 g erreicht haben. Danach wachsen sie langsam, bis sie im Herbst unter der Schneedecke verschwinden. Im nächsten Frühjahr sind sie ausgewachsen, jedoch können sie dieses Stadium bereits während des Winters erreicht haben.

Die Geschlechtsreife, die auf Seite 60 f. behandelt wurde, geht Hand in Hand mit dem Wachstum.

Die Maximalgröße für Tiere aus der freien Wildbahn ist für Männchen 151 mm bzw. 110 g und für nichtträchtige Weibchen 152 mm bzw. 104 g (Kalela 1961).

Bei ihren ersten Ausflügen aus dem Nest verhalten sich die Jungen bereits sehr individuell. Jedes grast allein, doch selten weiter als 1 m vom Nest entfernt. Wenn sie das Nest endgültig verlassen, lösen sich die Geschwisterbande auf. Fast überall begegnet man den Jungen unfreundlich, und besonders die seßhaften Weibchen können sie sofort töten, wenn sie in von ihnen besetzten Reviere gelangen (siehe Seite 54).

10. Gradation des Berglemmings

Das zeitweise Massenvorkommen des Berglemmings mit einem Populationsausbruch gewöhnlich jedes dritte oder vierte Jahr war lange eines der ungelösten Probleme der Art. Viele andere Kleinnagerarten zeigen ähnliche, wenn auch nicht so ausgeprägte Bevölkerungsschwankungen mit ungefähr dem gleichen Vier-Jahres-Rhythmus; es fehlt also nicht an Studienmaterial. Und trotzdem sind diese Phänomene noch nicht gelöst. Vor allem die Periodizität (auf Seite 111 ff. behandelt) ist nicht zufriedenstellend geklärt.

Man kann verstehen, daß die Menschen in früheren Zeiten für das plötzliche Massenauftreten der Berglemminge in Gegenden, in denen Monate vorher keine Spur von ihnen zu finden war, übernatürliche Erklärungen suchten.

Mehr als 30 Jahre habe ich praktisch jeden Sommer in den skandinavischen Gebirgen gearbeitet und war trotzdem bei jedem Lemmingausbruch von neuem überrascht. Wenn das Gebirge in Spitzenjahren voll von Lemmingen ist, trifft man die kleinen temperamentvollen Tiere fast überall, selbst unten im Nadelwald.

In den anderen Jahren ist der Berglemming scheinbar völlig verschwunden. Monatelang wanderte ich über die Bergheiden, ohne ein einziges Exemplar zu entdecken. In der Flechtenregion ist die Art in lemmingarmen Jahren noch am leichtesten zu sehen oder Spuren zu entdecken. Die letzteren sind massenweise zu finden und man trifft auf sie fast überall, doch können diese Spuren ein Jahr alt oder älter sein. Berglemminge selbst habe ich in Jahren mit geringer Bevölkerung trotz zahlreicher Gebirgsexpeditionen vielleicht einige Dutzend gesehen. Es sagt vielleicht mehr über das geringe Vorkommen dieser Tiere in solchen Jahren aus, daß ich in den schwedischen Bergen dann öfter auf Polarfüchse und Vielfraß — zwei der seltensten Arten Schwedens — gestoßen bin als auf den Berglemming.

Welche Faktoren dieses zeitweise Massenvorkommen des Berglemmings hervorrufen, wurde viel diskutiert; es sind mehrere, die beim Zustandekommen solcher Frequenzspitzen zusammenwirken. Wir haben bereits über die zeitweise erstaunliche Vermehrungsfähigkeit des Berglemmings berichtet, die zusammen mit dem Klima und dem Nahrungsvorrat Grundfaktoren für das Massenauftreten in manchen Jahren sind, jedoch wird dadurch nicht erklärt, warum Bevölkerungsexplosionen im großen und ganzen jedes dritte oder vierte Jahr auftreten. Wir lassen die Diskussion über die Periodizität des Berglemmings für ein anderes Kapitel (Seite 111 ff.) und konzentrieren uns in diesem Abschnitt auf die ökologischen Voraussetzungen für ein Massenauftreten.

Collett (1911—1912) war der erste Zoologe, der anhand von Feldstudien versuchte, eine Erklärung für den plötzlichen Populationsausbruch des Berglemmings zu geben. Er war der Meinung, daß außergewöhnliche Umstände, die sich aller paar Jahre wiederholten, die Paarung stimulieren und das Aufziehen der Jungen begünstigen, mit dem Resultat, daß mehr und größere Würfe als gewöhnlich produziert werden. Obwohl Collett nicht näher darauf einging, worin die außergewöhnlichen Umstände bestehen wollen, ist seine Erklärung einleuchtend und kam der Wahrheit nahe.

Andere Forscher haben später hypothetisch viele unterschiedliche Auslegungen der Ursachen für das Massenauftreten des Berglemmings gegeben. Auf einige dieser Theorien werden wir im Zusammenhang mit der Periodizität des Berglemmings zurückkommen.

Die Situation bei schneller Populationszunahme des Berglemmings ist also die, daß sich in Gebieten der Flechtenzone des Gebirges, in denen im vorhergehenden Sommer die Art nicht gesehen wurde, wo aber doch einige wenige Exemplare existiert haben müssen, die kleine Anzahl in einem einzigen Winter zu einer Menge verwandeln kann, die sich in steigendem Tempo vermehrt und noch im gleichen Jahr allmählich sowohl horizontal als auch vertikal in andere Pflanzenregionen und Biotope verbreitet, bis hinunter in den Nadelwald, zur Küste und mitunter in Städte und Ortschaften.

Die Voraussetzung für diese enorme Expansion ist, daß in den vorhergehenden Monaten die physiologische Fortpflanzungsfähigkeit des Berglemmings maximal ausgenutzt wurde, das heißt, daß praktisch unaufhörlich Würfe produziert wurden, daß Weibchen, die einen Wurf nährten, bereits in diesem Stadium wieder trächtig wurden, und daß junge Weibchen bereits im Alter von drei Wochen zur Produktion von Jungen beitragen konnten. Dies bedeutet, daß der Berglemming ausschließlich im Winterhalbjahr mehrere Generationen aufbauen konnte. Es kann angenommen werden, daß die Winterreproduktion des Berglemmings für die nachfolgende Bevölkerungsspitze wichtig ist (Curry - Lindahl 1963e).

Die Mechanismen, die das Phänomen auslösen, daß der Berglemming sich in einem Jahr mit einer Frequenz vermehrt, die haushoch über der normalen liegt, wird in günstigen Wetter- und Nahrungsverhältnissen während der für die Art bedeutungsvollen Perioden im Jahreszyklus zu suchen sein. Folgende Faktoren sind von besonderem Gewicht:

1. Allgemeine günstige meteorologische Verhältnisse, die teils auf Qualität und Quantität des Nahrungsvorrats in einer für den Berglemming vorteilhaften Weise einwirken, und teils bewirken, daß die Art diese Nahrung während einer langen Zeit des Jahres in relativ kleinen Gebieten energiesparend und ohne sich allzu vielen dezimierenden Faktoren auszusetzen ausnutzen kann.

2. Die Dicke und Beschaffenheit sowie eine langanhaltende Schneedecke sind entscheidend für die Möglichkeiten des Berglemmings, sich im Winter teils in seinem Gangsystem aufzuhalten und damit ohne Anstrengung seine Weidegebiete zu erreichen, und teils, daß er sich in einem stabilen und relativ milden Mikroklima optimal fortpflanzen kann, ohne daß die zu Beginn temperaturempfindlichen und wechselwarmen Jungen aufgrund von Schneeschmelze durch warmes Wetter und nachfolgende Kälte bzw. Gefrieren umkommen.

3. Ein im Winter unter der Schneedecke in der Flechtenzone fast nicht vorhandener Feinddruck.

4. Geringe oder keine Konkurrenz von anderen Kleinnagerarten in der Flechtenzone.

Besonders die Wintersituation unter der Schneedecke spielt eine große ökologische Rolle für den Berglemming und seine Möglichkeiten, einen starken Stamm aufzubauen. Bei Tauwetterperioden können die Gänge der Lemminge, seine Weidegebiete und Nester überschwemmt werden. Die Gänge verwandeln sich dann in Kanäle, die Weidegebiete zu Seen und die Nester zu durchtränkten „Badeschwämmen", was zur Folge hat, daß die passiven Jungen ertrinken. Die Mütter können sie zwar auf einen anderen Platz bringen — was sie übrigens auch oft selbst im Sommer tun —, da aber bei Tauwetter nur wenige trockene Stellen unter dem Schnee zu finden sind, überleben nicht viele Junge. Noch schlimmere Folgen können nachfolgende Kälteperioden haben, die einen Eispanzer über Gänge und Weideplätze ziehen und bewirken, daß der Schnee so stark verkrustet, daß dem Berglemming das Graben fast unmöglich ist. Solche Tauwettersituationen im Winter können für den Berglemmingstamm zu Katastrophen führen. Nur eine kleine Anzahl Tiere wird Zugang zu einem Unterschlupf unter dem Schnee haben, der sie sowohl gegen Überschwemmungen als auch Verhungern schützt.

Besonders bei der Produktion der ersten Würfe unter dem Schnee ist die Wetterlage von großer Bedeutung für einen starken Bevölkerungszuwachs. Dies gilt für die Generationen, die, wenn sie weiterleben können, kurz danach selbst Nachkommen haben. In gewisser Weise und aus dem gleichen Grund gilt dies auch für die ersten Würfe im Sommerhalbjahr im April und Mai.

Winter ohne Schnee oder mit nur sehr wenig Schnee, verbunden mit strenger Kälte, können verhängnisvoll für den Berglemmingstamm sein und machen außerdem eine Fortpflanzung unmöglich.

Wenn im Herbst der erste Schnee schmilzt und sofort danach gefriert, können sich die Bergheiden und die für die Lemminge so wichtigen Moose mit einer Eiskruste überziehen, die den ganzen Winter über bestehen bleibt. Dies hat für die Lemminge katastrophale Folgen.

Der Feinddruck auf die Berglemmingpopulation in der Flechtenzone im Winter ist nur sehr gering und oft nicht vorhanden, auf jeden Fall aber niedriger als der, der in anderen Höhen auf den nordischen Kleinnagerbestand im Winter einwirkt. Der Berglemming lebt unter einer stellenweise mehrere Meter dicken Schneedecke in gutem Schutz. In normalen Jahren jagen wenige Raubtiere und Greifvögel oben im Flechtengürtel. Hermeline und Mauswiesel, die zu den Hauptfeinden des Berglemmings zählen, kommen im Winter in der Flechtenzone nicht vor. Polarfuchs und Wolf werden nicht oft nach Lemmingen graben, wenn die Schneedecke zu dick ist.

Die Schneedecke bietet dem Berglemming also viele Vorteile, die er auch ausnutzt; zeitweiliges Tauwetter kann aber große Verluste verursachen und wird vermutlich oft lokale Populationen zerstören.

Lange Winter mit anhaltender stabiler Schneedecke sind also für den Berglemming von Vorteil, jedoch nur so lange, wie Nahrung vorhanden ist.

Sollte diese im Winter nicht ausreichen, und der Berglemming kann sein Gangsystem nicht so leicht erweitern und noch weniger andere Gebiete aufsuchen, so wird auch dies mit einer Katastrophe enden. Es ist gut denkbar, daß dies ziemlich oft gerade in den Wintern geschieht, in denen der Berglemming zahlreich ist, und daß dieses eines der Hindernisse für eine Populationsexplosion ist. Daher sind später Herbst und zeitiges Frühjahr bei knappem Wintervorrat von Vorteil. Andererseits ist es im Frühjahr auch von großer Bedeutung, wenn die April- und Maiwürfe Zeit haben, sich zu entwickeln und die Nester vor Eintritt der Schneeschmelze verlassen.

Auch die Verhältnisse im Sommer sind für die Reproduktion des Berglemmings von Bedeutung, denn in manchen Sommern kann sich die Fortpflanzung über den ganzen Sommer bis in den September erstrecken, während sie in anderen Jahren bereits im Juni/Juli aufhört, und dies unabhängig davon, ob eine Winterreproduktion der Sommervermehrung vorausging oder nicht.

Die Erklärung für eine Bevölkerungsexplosion des Berglemmings wird in einem Zusammenwirken zwischen Umweltfaktoren und der Reproduktionskapazität der Art liegen, wobei letztere ein ungeheuer hohes Niveau erreichen kann. Gewisse Milieukombinationen dirigieren die physiologischen Mechanismen des Berglemmings, die fieberhafte Fortpflanzungsaktivität auslösen und ein erstaunliches Reproduktionsresultat zur Folge haben.

Es kann sich aber auch anders verhalten, wobei weiterhin das Milieu der Auslöser ist. Die karge arktische Umgebung, in der der Berglemming lebt, hat dazu geführt, daß die Art, um überleben zu können, eine sehr hohe latente Reproduktionskapazität entwickelt hat, die aber meist von einer großen Anzahl Faktoren gehemmt wird und daher nur zeitweise in ihrer ganzen Kraft durchschlagen kann. Daß die Überwinterungsfaktoren das Fortpflanzungspotential des Berglemmings oft blockieren und es mehrere Jahre lang auf einer niedrigen Stufe halten, wird zu der Entwicklung der enormen Fortpflanzungskapazität beigetragen haben, so daß diese Art in manchen Jahren in kurzer Zeit mehrjährige Verluste kompensieren kann. Daß diese Kapazität so gewaltig ist, wenn sie in Form von sogenannten Lemmingjahren in voller Kraft auftritt, daß sie ihrerseits eine Ausweichmöglichkeit wie die Auswanderung entwickelte, ist eine andere Sache, auf die wir zurückkommen werden (Seite 91). Da der Berglemming beinahe drei Jahre alt werden kann, ist es für das Überleben der Art notwendig, daß die ausgleichenden Populationsausbrüche im Zeitraum von 3 bis 4 Jahren auftreten, da sonst das Risiko besteht, daß die Population ausstirbt. Es wird jedoch nicht dies der Umstand sein, der die 3- bis 4-Jahre-Periodizität bestimmt.

Eine dritte Variante des genannten Zusammenwirkens von Umweltfaktoren und der Fortpflanzungskapazität des Berglemmings ist, daß die Art, wenn sie vom niedrigsten Stand in zwei oder drei „Normaljahren" sich etwas vermehrt hat, eine solche Populationsfrequenz erreicht, daß ein Grenzwert überschritten wird, wonach sich der Stamm unablässig vergrößert, auch wenn die Milieufaktoren nicht besonders günstig sind.

Was auch immer der Wahrheit am nächsten kommt, so ist sicher, daß die

Verhältnisse unter der Schneedecke, unter der der Berglemming den größten Teil des Jahres zubringt, für Populationsdynamik und Populationsausbruch der Art bestimmend sind.

In Alaska wurde für den Braunen Lemming berechnet, daß sich die Art in einem vierjährigen Rhythmus tausendfach vermehrte in Gegenden, in denen sie der einzige Kleinnager war (Thompson 1955a), und für den Halsbandlemming schätzte man eine 600fache Zunahme in zwei Jahren (Shelford 1943).

11. Populationsdichte und Biomasse

Die einzigen Kleinnager, die ich getroffen habe, die sich in der Populationsdichte mit dem Berglemming messen können, sind die Erdmaus in Schweden, das Perlziesel (*Citellus suslicus*) in der südlichen Sowjetunion (Curry-Lindahl 1965b) und die Grasratte (*Arvicanthis abyssinicus*) in Zaire. Jedoch hat auch die Waldwühlmaus einmal (im Herbst 1957 in Schweden) lokal eine Dichte ereicht, die sich mit der des Berglemmings vergleichen läßt.

Populationsdichte des Berglemmings (in Lemmingjahren) und einiger anderer Nagetiere je ha.

Art	Anzahl	Biomasse g/ha	Gebiet	Quelle
Berglemming (Junge im Nest nicht gerechnet)	33	2970	Lule Lappmark	Curry-Lindahl
	39	3510	Pite Lappmark	Curry-Lindahl
	25	2250	Lycksele Lappmark	Curry-Lindahl
	44	3960	Åsele Lappmark	Curry-Lindahl
	140	12 600	Jämtland (zufällige Ansammlung wandernder Lemminge)	Curry-Lindahl
	280	25 200	Norwegen (zufällige Ansammlung wandernder Lemminge)	Curry-Lindahl
Brauner Lemming	37	3330	Alaska	Pitelka 1957
	125	11 250	Alaska	Bee u. Hall 1956
	200	18 000	Alaska	Mullen 1968
Erdmaus	308	9497	Finnland	Myllymäki 1969
	200	etwa 6000	Åsele Lappmark	Curry-Lindahl
Waldwühlmaus	30	750	Södermanland	Curry-Lindahl
Grasratte	100		Kivu, Zaire	Curry-Lindahl
Hausmaus	1100	22 000	Südl. Australien	Newsome 1970
Perlziesel u. Wühlmäuse	325		Sowjetunion	Formozov u. Kodachova 1961

In Arbeiten über den Berglemming wird die Bevölkerungsdichte gewöhnlich mit den Fängen in einer gewissen Anzahl Fallen je Nacht angegeben. Meine Bonitätszahlen gelten je ha und gründen sich auf Fänge in Fallen sowie Beobachtungen. Es ist ziemlich leicht, einen Überblick über eine Gruppe seßhafter Berglemminge zu erhalten, die sich in der Regel in ihrem Gangsystem aufhalten, aber diese Dichtezahlen sind nur Schätzungen. Die Tabelle gibt eine Andeutung über die Dichte in Lemmingjahren. Zum Vergleich wurden einige Angaben für andere Arten beigefügt. Die Biomasse wurde nach dem durchschnittlichen Körpergewicht (ungefähr 90 g) und der Anzahl Individuen je ha bei der Bestandsaufnahme gemessen.

Neben der Graurötelmaus und dem Rentier ist der Berglemming der einzige Grasesser in der Flechtenzone des Gebirges. Auf den Tundren Kanadas haben die Rentiere *(Caribou)* eine Biomasse von 800 kg/km^2. Der Berglemming kann auf den schwedischen Flechtenheiden in einem Lemmingjahr 390 kg/km^2 und auf Wanderzügen bei zufälligen Ansammlungen 2520 kg/km^2 erreichen.

12. Ortswechsel im Frühjahr und Herbst

Es sind die langen Wanderungen der Art, die jahrhundertelang die Aufmerksamkeit auf sich zogen, da sie sich mitunter bis in von Menschen bewohnte Gegenden erstrecken. Dagegen geschahen die regelmäßigen Ortswechsel des Berglemmings im Frühjahr und Herbst auf den Bergheiden oberhalb der Baumgrenze unbemerkt. Erst im Zusammenhang mit der „Lemmingperiode" 1958—1961 wurden diese Ortswechsel auf der Halbinsel Kola, in Finnland und in Schweden festgestellt (C u r r y - L i n d a h l 1961b, 1962b, 1973d; K a l e l a 1961, 1965, 1970; K a l e l a et al. 1971, K o p o n e n et al. 1961, M y l l y m ä k i et al. 1962, K o s h k i n a und K h a l a n s k y 1963, A h o und K a l e l a 1966, K o p o n e n 1970). Die finnischen Untersuchungen 1959—1961 stellten außerordentlich gut die Ortswechsel zwischen verschiedenen Biotopen klar, aber die finnischen Untersuchungsgebiete lagen nicht im Hochgebirge und sind deshalb nicht ganz repräsentativ, da der größte Teil des Verbreitungsgebietes des Berglemmings in den arktischen und alpinen Gegenden der Hochgebirge liegt. Dort sind die ökologischen Verhältnisse etwas anders, was mit sich bringt, soweit ich das aus eigenen Untersuchungsresultaten in verschiedenen Teilen der skandinavischen Bergkette beurteilen kann, daß sich die Ortswechsel oft über nur relativ kurze Strecken von einigen 10 bis zu einigen 100 m und in seltenen Fällen einen Kilometer erstrecken. Dies beruht auf den topographischen Verhältnissen, der Vegetation und der Größe der Berglemmingbevölkerung im Verhältnis zur Nahrung (vergleiche das Kapitel über die Biotope des Berglemmings, Seite 34 ff.). In Finnland war die Distanz für Ortswechsel höchstens „einige wenige 100 Meter" (K a l e l a 1961).

In manchen Jahren, wie zum Beispiel im Lemmingjahr 1960—1961 in Finnland, Schweden und Norwegen, können diese Ortswechsel in lange Wanderzüge übergehen. Damit keine Unklarheiten entstehen, ist es notwendig, zwischen diesen beiden Arten der Wanderung zu unterscheiden, weshalb wir die Wanderzüge im folgenden Kapitel (Seite 80 ff.) behandeln. Ortswechsel sind also regelmäßige Umzüge im Frühjahr und Herbst zwischen Winter- und Sommerquartieren, obwohl diese nicht immer — vielleicht niemals — zwischen den exakt gleichen Plätzen geschehen. Die Winternahrung kann bei relativ hoher Populationsfrequenz in einem Winter so abgegrast werden, daß die Berglemminge im folgenden Winter ein anderes Winterquartier aufsuchen müssen. Moose, die hauptsächliche Winternahrung, wachsen nur sehr langsam. Wanderzüge dagegen sind Umzüge, die nicht in das Ursprungsgebiet zurückgehen. Es handelt sich dabei mit anderen Worten um einen Auszug (eine Emigration) ganz anderen Charakters.

In der Periode Mai bis August bevorzugt der Berglemming den Aufenthalt in Feuchtland mit steinigem Boden und einer Vegetation aus Segge, niedrigen Weiden oder/und Zwergbirken. Im Herbst ziehen sich die Berglemminge auf die trockeneren Teile der Heiden zurück, wo sie den Winter bis zum Mai verbringen, dann ziehen sie wieder in die feuchteren Gegenden. Der Frühjahrsumzug wird in „normalen Jahren" (also nicht „Eruptionsjahren") auf den meisten Plätzen im Gebirge keine längeren Wanderungen zu niedrigeren Höhenlagen hervorrufen, denn Winter- und Sommerquartiere liegen meist ganz nahe beieinander und in der Regel im gleichen Vegetationsgürtel, meist oberhalb der Weidenzone. Es handelt sich also um einen horizontalen Umzug. In manchen Gebieten können die örtlichen Bedingungen die Berglemminge dazu zwingen, ihre Saisonquartiere in verschiedenen Vegetationszonen zu suchen, so daß sie also im Frühjahr nach unten und im Winter nach oben wandern. Ein solches Gebiet ist zum Beispiel Kilpisjärvi zwischen Schweden und Finnland, auf jeden Fall in Jahren, in denen die Konkurrenz zwischen den Berglemmingen aufgrund hoher Populationsdichte stark ist.

Es werden vorwiegend zwei Gründe sein, warum es der Berglemming im Sommer vorzieht, auf feuchten Stellen zu leben, das sind Nahrung und Schutz. Plätze auf niedrigeren Höhenstufen, zum Beispiel sumpfige Gegenden, sind oft dicht bewachsen und haben viele Schlupfwinkel. Dort findet der Berglemming gute Verstecke, die im Sommer notwendig sein können, da ihm dann viel nachgestellt wird. Er findet dort auch mehrere der Pflanzen, von denen er sich ernährt. Feuchtigkeit und Wasser scheinen ihm im Sommer nichts auszumachen; er hat einen wasserdichten Pelz und tritt fast wie ein Wasserbewohner auf. Für die Fortpflanzung ist er jedoch auf trockene Schlupfwinkel angewiesen, denn die Jungen sind anfangs gegen Kälte und Feuchtigkeit empfindlich.

Die Ortswechsel des Berglemmings bedeuten, daß er verschiedenartige Lebensstätten rationell ausnützen kann, die ihm im Sommer bzw. im Winter die besten Lebensbedingungen gewähren. Dies gilt besonders für Nahrung und Schutz. Bemerkenswert ist, daß die Graurötelmaus als Kleinnagernachbar des Berglemmings in der Flechtenzone, soweit man bis jetzt weiß, ähnliche Ortswechsel nicht durchführt. Sie kommt aber, zum Unterschied vom Berglemming, in allen Vegetationszonen vor. Dies bedeutet, daß die für diese Arten besten Lebensstätten in den entsprechenden Vegetationszonen bereits besetzt sind, weshalb ein Ortswechsel für die Graurötelmaus wahrscheinlich mehr Nachteile als Vorteile haben würde. In einem Frühjahr fielen die Graurötelmäuse in Torne Lappmark in die Plätze ein, die die Berglemminge eine Woche früher verlassen hatten. Dies deutet auf eine Konkurrenz zwischen diesen Arten in der Flechtenzone hin und zeigt, daß der Berglemming der stärkere ist, der in erster Linie die optimalen Biotope besetzt und der Graurötelmaus die weniger günstigen überläßt.

Man kann bei den Kleinnagern Parallelen zu ähnlichen zeitweisen Invasionen unbesetzter Lebensstätten finden, zum Beispiel okkupierten Gelbhalsmäuse eine von den Erdmäusen verlassene Lebensstätte (C u r r y - L i n d a h l 1956, 1959b) und Hausmäuse (*Mus musculus*) taten das gleiche in einem von den Strandmäusen (*Peromyscus polionotus*) verlassenen Gebiet (G e n t r y 1966). Es ist natürlich, daß die Lebensstätten in der Flechtenzone wechselweise vom Berglemming und der Graurötelmaus ausgenutzt werden. Die letzteren sind oft viel zahlreicher, doch in Lemmingjahren und in dem Jahr vor einem Lemmingjahr benötigt der Berglemming ein sehr viel größeres Gebiet als normal, weshalb er die Graurötelmaus verdrängt. In manchen Jahren können sowohl die Populationen der Graurötelmaus als auch die des Berglemmings gleichzeitig den Höhepunkt ihres Bestands haben. Dies geschah 1960 in Torne Lappmark, und es war interessant zu sehen, wie die Graurötelmäuse in Lebensstätten gefunden wurden, die sie sonst nicht gern aufsuchen.

Während der Ortswechsel ist der Berglemming am meisten seinen Feinden ausgesetzt. Er befindet sich dann auf unbekanntem Gebiet, das er nicht überblickt und hat keinen Zugang zu seinen Gängen, in denen er jeden Winkel kennt und sich schnell in einen Unterschlupf zurückziehen kann. Seine einzige Verteidigung sind dann seine heftigen Verteidigungs- und Drohgebärden, die so unverwechselbar und in vielen Fällen (siehe Seite 55) wirkungsvoll sind. Besonders zur Zeit der Schneeschmelze im Frühjahr, wenn die Lemminge ohne Unterschlupf und kurz vor dem Umzug gezwungen sind, sich auf die Schneedecke oder auf schneefreie Gebiete zu begeben, können die Verluste durch Feinde in manchen Jahren sehr hoch sein. Während des Ortswechsels im Herbst werden die Verluste durch Feinde proportional geringer sein, da die Wanderung teils im Dunkeln erfolgt und die Vegetation dann mehr Schutz als im Frühjahr gewährt. Auch wenn der Berglemming sein neues Revier erreicht hat und noch nicht ein Netz von Laufgräben zwischen Unterschlupf und Nest ausbauen konnte, ist er gleichfalls sehr gefährdet.

Beim Ortswechsel wie auch auf den Langwanderungen laufen die Berglemminge einzeln. Die Tiere nutzen gern vorhandene Stiege und ebene Oberflächen (zum Beispiel Eis) aus, obwohl sie dort keinen Schutz gegen Feinde haben. Es zeigt sich, daß eine schnelle Wanderung über Gelände ohne Schutz von größerer Bedeutung für das Überleben ist als ein langsamer Marsch in hügeligem Gelände mit Schutzmöglichkeiten in der Vegetation. Treffen die

Berglemminge auf einen Rentierpfad oder auf einen irgendwie ausgetretenen Stieg, können sie, immer noch einzeln, dichter laufen, so daß man mehrere auf einmal über das Eis oder einen Weg springen sehen kann. Sie halten jedoch selbst bei solchen Konzentrationen immer einen Abstand von 25—50 m. Gewöhnlich ist jedoch der Zwischenraum größer. Auf den Taavavuoma- und Pirtimäsvuoma-Mooren in Torne Lappmark habe ich gesehen, wie sich die Lemminge auf den Kämmen der dort oft zu findenden Torfhügel entlangbewegten, was bedeutet, daß die Tiere ständig die Richtung wechseln und am Ende eines Torfhügels über Seggenmoore und die Schneedecke springen oder Tümpel durchschwimmen. Auf dem Hochplateau Sautso, auch in Torne Lappmark, benutzen die Berglemminge gewöhnlich Sandhügel für ihre Wanderungen, deren Kamm oft vegetationslos ist. Diese Sandhügel wurden 1960 auch von Wölfen, Polarfüchsen und Füchsen begangen, so daß es nicht etwa ein gefahrloser Übergang für die kleinen Lemminge war.

Als ich in einem Frühjahr eine Skitour auf dem Eis des Karsbäck zwischen den Mooren in Marsivagge in Lycksele Lappmark unternahm, trat plötzlich Tauwetter ein, und die Lemminge gerieten in Bewegung. Sie fanden bald, daß die Skispuren auf dem Eis ausgezeichnete Laufbahnen für ihre Frühjahrswanderung waren.

Berglemminge, die sich auf einer Wanderung befinden, sind fast immer aggressiv gegen andere Arten oder fremde Gegenstände, die sie stören, was hauptsächlich darauf beruht, daß sie sich nicht in ihrem bekannten Gelände befinden. Sie können sich auch zueinander aggressiv verhalten, doch bestehen diese Geplänkel meist nur aus Warnrufen, wonach die Tiere sich trennen.

Während der Wanderung können die Berglemminge mitunter eine Pause machen, um zu essen. Hauptsächlich bei solchen Gelegenheiten treffen sie andere wandernde Lemminge.

Da die Saisonwanderungen meist nur bemerkt werden, wenn die Anzahl der Berglemminge groß ist, also in Lemmingjahren, wurden diese oft mit Langwanderungen verwechselt. In solchen Jahren kann es mitunter schwer sein, zwischen diesen beiden Arten der Wanderung zu unterscheiden.

12.1. Frühjahrswanderung

Die Frühjahrswanderung scheint gewöhnlich von der Schneeschmelze ausgelöst zu werden und kann, je nachdem, ob der Frühling zeitig oder spät kommt, mit einem Zeitunterschied von bis zu sechs Wochen eintreten. Dies bedeutet, daß die Frühjahrswanderung von Ende April bis Anfang Juni aufgenommen werden kann, und daß sie auf den südlicheren Breitengraden bzw. den Vorgebirgen zeitiger als in nördlicheren Breiten bzw. dem Hochgebirge eintritt. Für eine Population kann sich die Wanderung über einige Tage oder ein paar Wochen erstrecken, was daran liegt, wie nahe die Sommerquartiere zu den Winterquartieren liegen. In den Vorgebirgen in Finnland hat die Frühjahrswanderung 1 bis 3 Wochen gedauert (A h o und K a -

lela 1966). Ein Individuum kann für den Umzug weniger als eine halbe Stunde benötigen; er kann sich aber auch über mehrere Tage oder einen noch längeren Zeitraum erstrecken.

Es ist möglich, daß Berglemminge auf der Frühjahrswanderung im voraus oft nicht genau das Ziel ihrer Wanderung kennen, sondern daß sie eine Suche nach geeigneten Sommerquartieren darstellt, in denen die Art bessere Nahrungs- und Schutzbedingungen als im Wintergebiet findet.

Wie ich festgestellt habe, geht die Frühjahrswanderung ohne Ausnahme entweder zu Plätzen, die innerhalb der gleichen Vegetationszone wie die Quartiere des Winters liegen, oder zu niedriger liegenden Pflanzengesellschaften. Dics bedeutet, daß sich die Berglemminge mehr oder weniger horizontal innerhalb des Flechtengürtels bewegen oder auch vertikal hinunter in die Weidenzone. In Lemmingjahren kann sich die Wanderung bis in die Birken- und Nadelwaldgebiete erstrecken. In lemmingarmen Jahren ist die Population oft so klein und die Wanderung so kurz, daß sie meist unbemerkt vor sich geht, wenn man nicht gerade an dem Tag oder den Tagen, an denen sie durchgeführt wird, an Ort und Stelle ist. Im Herbst kann die gleiche Situation eintreten.

In Lemmingjahren oder dem Jahr davor sind die Weibchen im April und Mai meist damit beschäftigt, Junge aufzuziehen. Wenn die Schneeschmelze keine Katastrophe hervorgerufen hat und die Jungen ertränkte, beginnen die Weibchen ihre Wanderung später als die Männchen. In Jahren mit einer kleinen Bevölkerungsanzahl, in denen im April bis Mai nur geringe oder keine Fortpflanzung vorkommt, können die Weibchen zusammen mit den Männchen gehen. Dies geschah jedenfalls in einem Frühjahr in Lycksele Lappmark. In Finnland wurde festgestellt, daß alle bei der Frühjahrswanderung kontrollierten Männchen und Weibchen geschlechtsreif waren, ein Teil der letzteren war sogar trächtig (K a l e l a 1961, 1970).

Interessant ist, daß die Schneeschmelze und damit die Frühjahrswanderung am Kilpisjärvi 1961 drei Wochen später als 1960 eintraten, daß der sexuelle Zustand der wandernden Lemminge jedoch in beiden Jahren der gleiche war (A h o und K a l e l a 1966). Ähnliche Beobachtungen kennt man auch aus

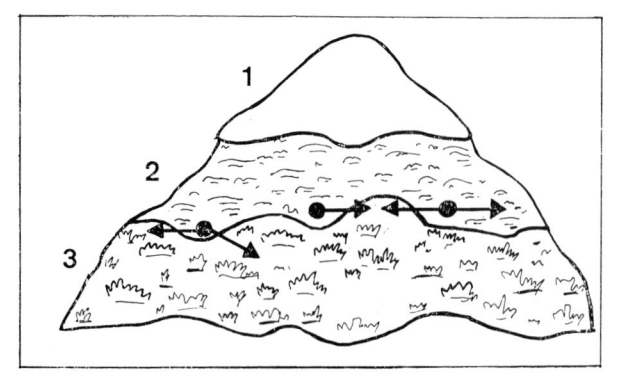

Abb. 36. Horizontale Saisonwanderung. 1 Schnee, 2 Flechtenzone, 3 Weidenzone

Norwegen und der Sowjetunion (Collett 1895, Folitarek 1943, Koshkina 1962, Koshkina und Khalansky 1962). Somit kann auch der Fortpflanzungsrhythmus als Auslöser der Frühjahrswanderung von Bedeutung sein, zumindest bei den Weibchen, obwohl nach bisher zugänglichen Daten dieser mit der Schneeschmelze in verschiedenen Jahren und auf verschiedenen Plätzen synchronisiert ist.

Während der Frühjahrswanderung ist es die ganze Zeit hell, und wandernde Berglemminge können zu allen Tages- und Nachtzeiten beobachtet werden. In Finnland waren jedoch zwei Drittel der sich auf der Frühjahrswanderung befindlichen Lemminge zwischen 6 und 9 Uhr morgens unterwegs, wobei die Weibchen etwas zeitiger als die Männchen kamen (Aho und Kalela 1966).

12.2. Herbstwanderung

Die Herbstwanderung des Berglemmings wird von Ende Juni bis Mitte Oktober beobachtet. Der Zeitpunkt ist von Jahr zu Jahr verschieden. In manchen Jahren brechen die Lemminge bereits im Juni auf, in anderen Jahren im Juli oder August, ja selbst erst Anfang September. Dies kann bedeuten, daß in einzelnen Jahren, wenn die Herbstwanderung bereits im Juni beginnt, der Zeitraum zwischen Frühjahrs- und Herbstwanderung nur drei Wochen beträgt. Die Herbstwanderung kann sich bis zu 2,5 Monaten erstrecken und dauert somit gewöhnlich sehr viel länger als die Frühjahrswanderung. Ein anderer Unterschied ist, daß die Herbstwanderung meist nachts vorgenommen wird; im August bis Oktober ist es dunkel. Auch im Spätsommer und im Herbst wandert der Berglemming allein.

In Finnland haben Kalela et al. festgestellt (siehe Literatur Seite 72), daß die Herbstwanderung mit der Abnahme der Sommerfortpflanzung in Verbindung zu stehen scheint. Wie im Frühjahr, so sind es auch im Herbst die Männchen, die die Wanderung einleiten, indem sie die Sommerplätze verlassen, unabhängig davon, in welchem Monat die Wanderung begonnen wird. Von 190 während der Herbstwanderung am Kilpisjärvi in der ersten Junihälfte gefangenen Berglemmingen waren 175 ausgewachsene Männchen. 1959 verließ im gleichen Gebiet die Hälfte der geschlechtsreifen Männchen die Sommergebiete im August, während die Weibchen dies zusammen mit den noch nicht geschlechtsreifen Jungen erst in der zweiten Septemberhälfte taten. Die Jungen waren zu der Zeit etwa 4 bis 5 Wochen alt. Die Herbstwanderung 1960 zeigte ähnliche Resultate. Auch die Herbstwanderung auf der Halbinsel Kola 1958 zeigte die gleiche Verteilung zwischen Männchen und Weibchen, doch mit der wichtigen Ausnahme, daß alte Lemminge, die überwintert hatten oder im Winter geboren waren, nicht an der Herbstwanderung teilnahmen (Koshkina und Khalansky 1962a).

Ungefähr 70 % der Lemminge, die im Herbst 1955 in Finnland in ihr Winterquartier zogen, waren junge, noch nicht geschlechtsreife Tiere, und 75 % dieser trat die Wanderung erst in der zweiten Septemberhälfte an. Im Unterschied zur Frühjahrswanderung scheint die Wetterlage auf den Aufbruch im Spätsommer oder zeitigen Herbst keinen Einfluß zu haben. Die Abwanderung geschieht rechtzeitig, bevor die Herbstregen die Sommergebiete zu stark mit Wasser anreichern. Dies würde, wenn es später gefriert, verhindern, daß die Berglemminge an die Moosdecke gelangen, die ihnen als Hauptnahrung dient.

Kalela (1961, 1970) hegt den Verdacht, daß der Aufbruch der Männchen von den Sommerquartieren durch die Aggressivität der Weibchen verursacht wird, die eine Übereinstimmung zu dem Auftreten der Weibchen während des ganzen Sommers in einem Lemmingjahr darstellt (Curry-Lindahl 1961b). Es ist wahrscheinlich, daß die Aggressivität seßhafter, oft trächtiger Weibchen gegenüber den Männchen nur in einem Lemmingjahr und bei Übervölkerung eine solche Intensität erreicht, daß sie zu einer Auswanderung der Männchen und selbst der nichtträchtigen Weibchen führt; dies trat 1961 ein. In normalen Jahren ist die Aggressivität der Weibchen nicht so ausgeprägt. Die Herbstwanderung kann in einem solchen Jahr jedoch in einen Wanderzug übergehen. Die Herbstwanderung des Berglemmings ist überhaupt ein mehr komplexes Phänomen als die Frühjahrswanderung.

12.3. Orientierung

Wie orientieren sich die Berglemminge zwischen Winter- und Sommerquartieren, und wie können sie „wissen", daß sich die Vegetation auf den Winterquartieren des vorhergehenden Jahres in manchem Herbst nicht erholt hat, weshalb sie ein anderes Gebiet aufsuchen müssen? Was dies letzte Problem betrifft, so glaube ich, daß sich der Berglemming weder im Herbst noch im Frühjahr auf die Wanderung begibt, um ein bestimmtes Gebiet aufzusuchen. Es ist, zumindest auf der skandinavischen Bergkette und in den Gebieten, die ich auf der Halbinsel Kola gesehen habe, ein Überfluß sowohl an Sommer- als auch Winterquartieren vorhanden, die optimal für den Berglemming sind. Es ist möglich, daß die Situation in den Vorgebirgen Finnlands nicht so gut ist. Die Berglemminge werden sich bei den Frühjahrs- und Herbstwanderungen ohne Ziel auf den Weg machen, da sie früher oder später auf jeden Fall zu einem geeigneten Gebiet kommen. Sollten sich zu viele Lemminge auf dem gleichen Gebiet sammeln, ziehen die zuletztgekommenen weiter. In keinem Fall brauchen dies lange Wanderungen zu sein.

In Jahren mit geringer Bevölkerung gelten jedoch gewisse Regeln, zum Beispiel, daß die Frühjahrswanderung im großen und ganzen horizontal oder nach unten, die Herbstwanderung horizontal oder nach oben verläuft. In Lemmingjahren gelten viele Ausnahmen.

Nur ein kleiner Teil der Population zieht öfter als einmal in das gleiche Wintergebiet zurück, und man kann sich geradezu fragen, ob ältere Lemminge das jemals tun. Daher braucht die im ersten Satz dieses Unterkapitels gestellte Frage „wie können die Berglemminge wissen", nicht beantwortet zu werden.

Dagegen kann man die Frage aufwerfen, wie die Berglemminge bei der Herbstwanderung vermeiden, sich an Stellen niederzulassen, an denen wenig später die Schneedecke aufgrund der Windverhältnisse nur dünn verbleibt oder überhaupt den ganzen Winter über fehlt. Vermutlich werden sie von der Vegetation geleitet, denn die Stellen auf den Bergheiden, die im Winter nur eine dünne Schneedecke aufweisen oder ganz schneefrei sind, sind oft mit Flechten- und Heidearten bewachsen, die eine starke Austrocknung vertragen. Solche Plätze meidet der Berglemming.

Sitzt man in einem Lemmingjahr, wenn die Lemminge auf Wanderung sind, an einem Spätsommerabend an einem Bergsee und betrachtet, wie sie, mitunter in nur minutenlangen Zwischenräumen, über den See schwimmen, erhält man den Eindruck, daß sich die Tiere in einer bestimmten Richtung bewegen. Bei den Wanderungen im Frühjahr und Vorsommer kann man dagegen feststellen, wie sich die Berglemminge in vielen verschiedenen Richtungen über einen vereisten See bewegen, jedes Exemplar hält jedoch einen bestimmten Kurs. Dieses letztgenannte Verhalten wurde besonders gut in Finnland untersucht (K o p o n e n et al. 1961, A h o und K a l e l a 1966). Bei den Herbstwanderungen bevorzugen die Berglemminge oft eine bestimmte Richtung, die in verschiedenen naheliegenden Gebieten völlig unterschiedlich sein kann. So wanderten 71 von 76 Berglemmingen an einem Beobachtungsplatz im Herbst in nordwestlicher Richtung (M y l l y m ä k i et al. 1962). Diese Forschergruppe ist der Meinung, daß der Berglemming nur über ein Gewässer schwimmt, wenn er die Silhouette des anderen Ufers sehen kann.

Wahrscheinlich hat der Berglemming einen sehr gut entwickelten Orientierungssinn, aber wie er angeregt wird, ist noch völlig unbekannt. Wahrscheinlich sind sowohl der Gesichts- wie auch der Geruchssinn gut entwickelt. Bei der Frühjahrswanderung geht die Richtung in feuchte Gebiete, in denen die Vegetation gerade schneefrei wurde. Selbst ein Mensch kann zum Beispiel in dichtem Nebel im Gebirge durch den Geruchssinn zu solchen Gebieten finden. Die Herbstwanderung des Berglemmings führt in einen anderen Vegetationstyp, der vermutlich auch einen markanten Duft hat, zum Beispiel eine Krähenbeeren-Heide. Topographische Verhältnisse spielen sicher eine große Rolle bei der Wahl der Wanderungsrichtung. Die Berglemminge weichen oft Hindernissen aus, selbst wenn jedes Individuum die Tendenz hat, einen einmal eingeschlagenen Kurs beizubehalten.

Künftige Forschung wird sicher das Wissen um die Orientierung des Berglemmings erweitern. Eine Methode, die mehrere der Probleme im Zusammenhang mit dem Berglemming lösen könnte, ist die radioaktive Markierung der Tiere oder ihre Ausrüstung mit kleinen Radiosendern.

Es wurde beobachtet, wie Berglemminge mehrfach in steile Erdspalten und Vertiefungen guckten, ehe sie sich in diese wagten. Dies hat M y l l y - m ä k i et al. (1962) zu der Theorie veranlaßt, daß der Berglemming die Höhe oder Tiefe durch Aussenden von für Menschen unhörbare Töne mißt, deren Echo ihm die notwendigen Informationen gebe. Auch von einigen anderen Nagetieren glaubt man, daß sie Echoorientierung anwenden, zum Beispiel von der Waldwühlmaus, der Wanderratte *(Rattus norvegicus)* (die bei Laboratoriumsversuchen blind gemacht wurde), vom Siebenschläfer *(Glis*

glis) und vom Goldhamster *(Mesocricetus auratus)*. Echoorientierung wurde bei vier Spitzmausarten festgestellt *(Sorex cinereus, S. palustris, S. vagrans* und *Blarina brevicauda)* (G o u l d , N e g u s und N o v i c k 1964, B u c h l e r 1976). Bei Fledermäusen und Zahnwalen ist die Echoorientierung eine wesentliche Sinnesfunktion.

13. Lang- und Massenwanderungen

Auf folgende Weise wird der berüchtigte „Lemmingzug" in einem Zoologiehandbuch von der Jahrhundertwende beschrieben: „Je mehr der Sommer sich zum Herbst neigt, breiten sich die Lemminge erst in dem obersten Waldgebiet aus und dann immer weiter hinunter, um im Herbst eine der großartigen Wanderungen zu unternehmen, wobei die sonst so scheuen Tiere massenweise rücksichtslos vorwärtsdrängen und kaum irgendetwas ausweichen. Sie sind, im Gegensatz zu ihren alltäglichen Gewohnheiten, auch am Tage in Bewegung und bahnen sich unentwegt vorwärts, verwegen auf alles scheltend und sich selbst oft wütend und nutzlos zur Wehr setzend. Sie durchschwimmen oft große Wasserläufe, wobei oft sehr viele ertrinken. So berichtet der norwegische Forscher Prof. C o l l e t t , wie einmal ein Dampfer im Trondheimfjord mit voller Fahrt mehr als eine Viertelstunde durch eine gewaltige Schar schwimmender Lemminge ging..." Die Episode im Trondheimfjord trug sich 1868 zu.

Die meisten Menschen, die von „Lemmingzügen" gehört oder davon in der Schule gelesen haben, machen sich eine übertriebene Vorstellung vom Ausmaß der Wanderungen. Diese wurde vielleicht von den phantasievollen Bildern in älteren Schulbüchern und zoologischen Nachschlagewerken verursacht, in denen die Lemminge wie ein dichter lebender Teppich über die Erde zu strömen scheinen, während die Flügel der sie begleitenden Greifvögel den Himmel verdunkeln und Wiesel, Füchse und Wölfe versuchen, Schritt zu halten und um einen Platz an den Außenflügeln kämpfen. So lebhaft geht es in Wirklichkeit nicht zu, jedenfalls heutzutage nicht. Es sind jedoch mehrere Beobachtungen aus dem vorigen Jahrhundert über Massenwanderungen von unerhörtem Ausmaß überliefert, aber gewöhnlich wandern die Lemminge in spärlichen Verbänden. Man nahm früher an, daß so gut wie alle Lemminge in einem Emigrationsjahr umkommen. Dem ist nicht so, auch wenn in manchen Jahren die Verluste sehr groß sein können.

Lange glaubte man, daß der „Lemmingzug" von einem Trieb der Berglemminge bestimmt wird, Selbstmord zu begehen, indem sie sich in das Meer, Seen und Flüsse werfen. Eine andere Theorie war, daß die Berglemminge immer gen Westen und zum Meer wandern (was in Norwegen oft der Fall ist), um Atlantis zu suchen, den verschwundenen Kontinent, wohin sie wanderten, bevor diese Landmasse im Meer verschwunden sein soll (C r o t c h - D u p p a 1878).

Die Auffassung, daß der größte Teil der Berglemminge auf der Wanderung umkommt, wurde bis vor nicht allzu langer Zeit von vielen Wissen-

Abb. 37 Vertikale Langwanderung. A Normale vertikale Vorkommen, B Vorkommen während eines Lemmingjahres; 1 Schnee, 2 Flechtenzone, 3 Weidenzone, 4 Birkenwald, 5 Nadelwald

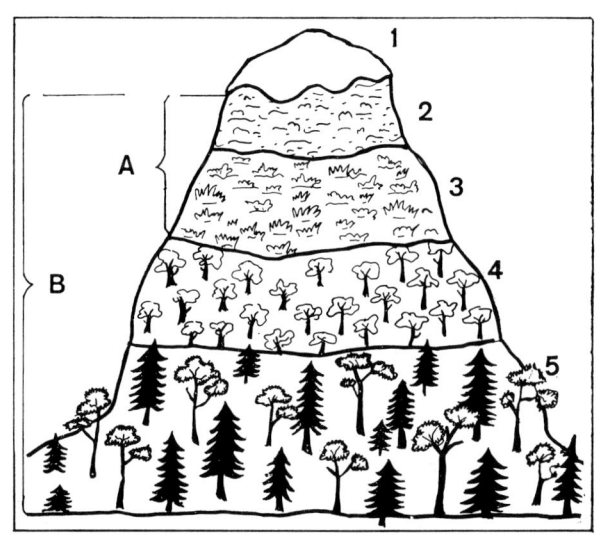

schaftlern geteilt. Der berühmte Charles Elton (1930) erklärte den Wandertrieb des Berglemmings als einen seit Urzeiten verwurzelten Zug, der für die Art charakteristisch und so stark in ihr verankert ist, daß er durch Selektion nicht beeinflußt werden kann. Der Gedanke Eltons, der unter dem Blickwinkel der Evolution wohl nicht haltbar ist, führt uns automatisch zu einer anderen wichtigen Frage: Was ist es, daß das Wanderphänomen für das Überleben des Berglemmings als Art wichtig macht? Es ist wohl doch im Gegensatz zu Elton's These so, daß die Massenwanderungen der Art bestehen, weil sie noch einen Wert für die Art haben, denn sonst wären sie sicher schon lange durch Selektionen eleminiert worden, was Lack (1954b) betont, wenn auch in einem anderen Zusammenhang. Wir werden später in diesem Kapitel auf diese Frage zurückkommen und beweisen, daß die Langwanderungen für das Überleben des Berglemmings als Art von Bedeutung sind.

Selbst in unserer aufgeklärten Zeit wecken die zeitweise große Anzahl der Berglemminge und ihr plötzliches Auftauchen in Gegenden, in denen sie sonst nicht vorkommen, das Interesse der Allgemeinheit. Man schreibt in der Weltpresse von den Wanderungen, und Hotelbesitzer in Lemminggebieten kündigen ein „Lemmingjahr" sogar im Ausland an, um Touristen eine Attraktion zu bieten.

Daß die Langwanderungen des Berglemmings früher Anlaß zu Mißverständnissen und übertriebenen Schilderungen gaben, ist vielleicht nicht so verwunderlich wie die Tatsache, daß manche modernen Forscher zu einer anderen extremen Auffassung neigen. Sie sagen, daß sowohl die Langwanderungen wie auch die „Massenwanderungen" nur in der Phantasie existieren. Dies tut K r e b s (1964), und B r o o k s (1970) stimmt dem zu, sowie auch B r o o k s und B a n k s (1973), obwohl ihnen die Arbeiten bekannt sind, die in den 60er Jahren in den nordischen Ländern herausgegeben wurden. K r e b s ' (1964) Gesichtspunkte wurden von C u r r y - L i n d a h l (1966) widerlegt. Wie der Leser in diesem Kapitel finden wird, sind sowohl Langwanderungen als auch „Massenwanderungen" der Berglemminge eine Realität.

Eine andere Behauptung aus Europa ist, daß die Berglemminge bei einer Langwanderung ihre Plätze oben auf den Bergheiden völlig verlassen. Bereits zu Beginn unseres Jahrhunderts bewies Sven E k m a n (1907), daß dies nicht der Fall ist.

13.1. Definition der verschiedenen Wanderungen

In dem vorhergehenden Kapitel wurden die Saisonwanderungen, die zweimal jährlich vorgenommen werden, beschrieben und definiert. Das folgende Kapitel ist den Langwanderungen gewidmet. Sie finden in mehrjährigen Abständen statt, können sich aber zwei Jahre hintereinander wiederholen, zum Beispiel im Herbst und darauffolgenden Frühjahr. Die Langwanderungen sind eine Emigration. Mitunter können diese Langwanderungen zu Massenwanderungen führen, die Ansammlungen einer großer Anzahl Berglemminge sind, die sich nach und nach zusammenfinden, wenn sie auf Langwanderungen von topographischen Hindernissen aufgehalten werden. Solche Hindernisse sind oft Wassermassen, zum Beispiel wenn die Lemminge dem Ufer eines größeren Sees folgten und auf eine hinausragende Landzunge kommen oder wenn sie zwischen zwei ineinander mündenden Flüssen wanderten und allmählich in das Winkelgebiet zwischen den Flußarmen gelangen. Die Lemminge laufen in einem solchen Fall entweder zurück oder überschwimmen das Hindernis. In beiden Fällen kommt es zu Beginn zu einer Form von Massenwanderung. Wir werden auf dieses Phänomen zurückkommen (Seite 88).

In der Literatur wurde in der Regel kein Unterschied zwischen Langwanderungen und Massenwanderungen gemacht. An Langwanderungen nehmen zwar eine große Anzahl Lemminge teil, sie wandern aber einzeln. Bei Massenwanderungen haben sie sich zufällig angesammelt und wandern fast wie in einer Herde.

13.2. Langwanderungen

Die Langwanderungen des Berglemmings erregten zeitig allgemeines Interesse, was aus dem Kapitel über die Kulturgeschichte der Art hervorgeht (Seite 9f.). Daher können wir die Langwanderungen in historischer Zeit in Skandinavien mehrere Jahrhunderte zurückverfolgen. Wir wollen nur einige Beispiele aus den Annalen anführen. 1823 erreichten die Berglemminge in großer Anzahl das norrländische Küstenland von Västerbotten im Norden bis zum Hälsingland im Süden, wobei sie in Härnösand einfielen.

Die Lemminge liefen auf den Straßen der Stadt herum, und es starben so viele, daß sie fuhrenweise fortgeschafft werden mußten.

In den Jahren nach 1880 wurde Östersund von ihnen aufgesucht, wobei Tausende auf dem Markt der Stadt vom Zoologen Alarik B e h m beobachtet wurden. Die Mehrzahl der Tiere war über den Storsjö geschwommen. Im Herbst 1963 wurde Östersund erneut von Lemmingen übervölkert. Zur gleichen Zeit konnte man an den Ufern des Storsjö örtliche Lemmingkon-

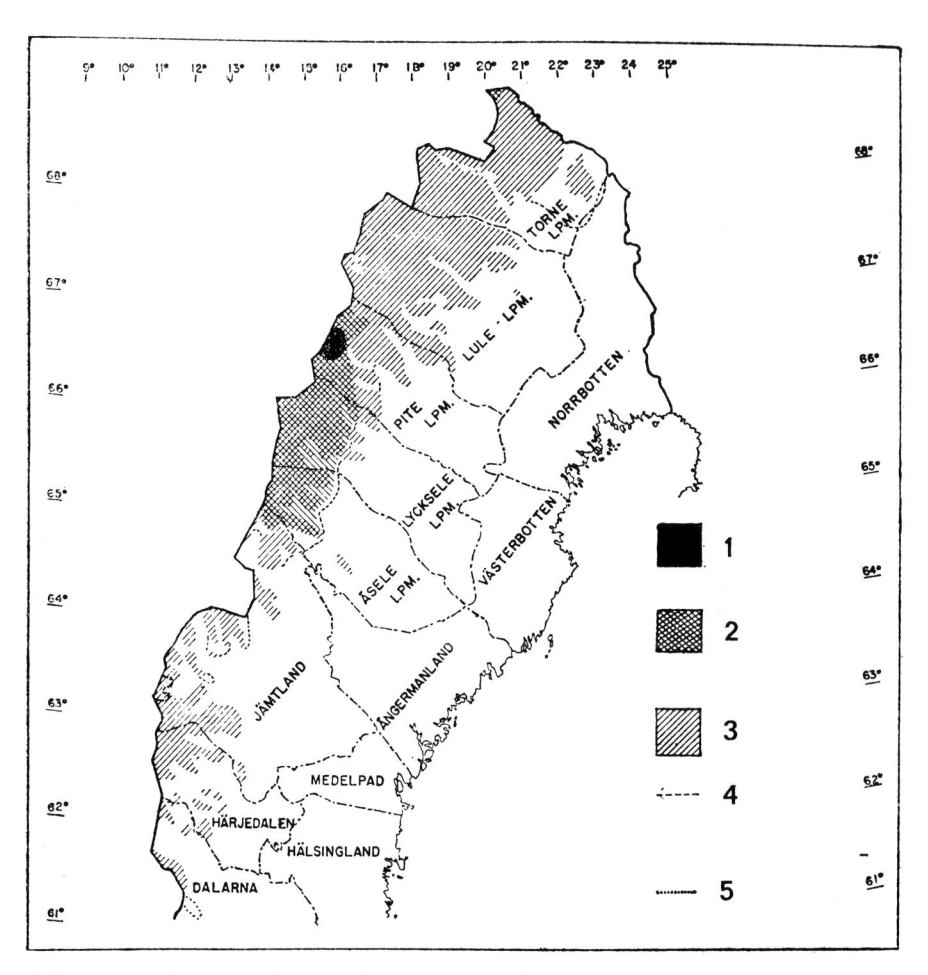

Abb. 38. Vorkommen des Berglemmings in Schweden während des Lemmingjahres 1960. Die schwarzen Teile zeigen das Gebiet, das 1960 den dichtesten Bestand an Berglemmingen in der schwedischen Gebirgskette aufwies. 1 Sehr zahlreich, 2 zahlreich, 3 normale Verbreitung, 4 Verbreitung 1960, 5 Gebiet, das 1960 von wandernden Berglemmingen besucht wurde.

zentrationen beobachten, vor allem auf den verschiedenen Landzungen, wo die Wanderung der Tiere aufgehalten wurde, bis sie sich plötzlich wieder in Bewegung setzten. Nach einem solchen „Lemmingabgang" kamen sie nach Östersund.

In Norwegen hatte Trondheim 1808, 1834 und 1837 Lemminginvasionen und selbst Oslo wurde heimgesucht. C o l l e t t berichtet, wie er sie die Treppe der Universität hinaufklettern sah!

In Schweden sind die Berglemminge auf Langwanderungen südlich bis Borlänge 1891, Gävle 1923 und Örebro 1923 gekommen. Gewöhnlich erreichen die Langwanderungen jedoch nicht solche Ausmaße. Die Saisonwanderungen im Frühjahr oder Herbst können bei hoher Populationsfrequenz in Langwanderungen übergehen. K a l e l a (1961) meint, daß Langwanderungen nur zur gleichen Zeit wie Saisonwanderungen eintreten, doch gibt es viele Beispiele dafür, daß für die Langwanderungen ein eigener Zeitplan vorliegt. Es ist nicht immer leicht, sie zeitlich zu bestimmen, denn in Lemmingjahren scheinen Teile der Population in der ganzen Vegetationsperiode in Bewegung zu sein, während andere Individuen stationär sind. Im übrigen gehen die Berglemminge auch bei Langwanderungen einzeln ihren Weg, auch wenn der Strom der Tiere mitunter ziemlich dicht kommen kann.

Fast alle Langwanderungen (mit Ausnahme der von der Eismeerküste ausgehenden) führen von den Bergheiden oberhalb der Baumgrenze hinunter in die Birkenwaldregion und später in die Nadelwaldzone; aber es gibt auch Ausnahmen. So können sie in horizontaler Richtung und selbst nach oben unternommen werden. Dies scheint meist für Langwanderungen im Frühjahr und Vorsommer zu gelten, wenn die Lemminge von hochgelegenen Heiden kommen. Wenn eine Langwanderung im Spätsommer oder Herbst ausgelöst wird, scheint sie meist zu den niedriger liegenden Gebieten zu führen. Eine Langwanderung kann aber auch erst nach unten und dann wieder nach oben erfolgen. Dies wird der Fall sein, wenn isolierte Vorgebirge im Waldland plötzlich einen seßhaften Lemmingstamm erhalten.

Nach dem zu urteilen, was in den Sommern 1960 und 1961 in der skandinavischen Gebirgskette geschah und sich teilweise 1963, 1964 und 1969 und 1970 wiederholte, scheint es, als ob sich die Berglemmingpopulation während der Langwanderungen teils in ihren natürlichen Lebensstätten, den weitgestreckten Bergheiden in der Flechtenzone, und teils in vertikaler Richtung von diesen nach unten in die Weiden- und Birkenzonen bewegten. Von dort führte der Weg der Lemminge allmählich hinunter in den Nadelwald, wo sie sich nach und nach in verschiedenen Richtungen ausbreiteten. Auf allen diesen Höhenstufen kam es zur Fortpflanzung, zumindest in dem Teil der Gebirgsgegend, der innerhalb der hochfrequentierten Lemminggebiete lag.

Vermutlich befanden sich die Lemminge praktisch das ganze Sommerhalbjahr 1960 mehr oder weniger auf Wanderung, doch gingen diese Bewegungen individuell und sehr verstreut vor sich, weshalb deren Richtung und Geschwindigkeit sowie die Anzahl der an der Wanderung teilnehmenden Tiere unmöglich festzustellen war. Es war offensichtlich, daß die Berglemminge in drei Invasionswellen in das Nadelwaldgebiet gelangten, wo jede neue

Welle gut bemerkbar war. Die erste Welle kam Ende Mai, als die Lemminge sich dort zu zeigen begannen oder ihre Anzahl in diesen niedrig gelegenen Gebieten sowohl auf der norwegischen wie auf der schwedischen Seite des Gebirgsrückens stark zunahm. Eine neue Welle wurde ungefähr einen Monat später bemerkt, im Juni/Juli. Diese Populationszunahme wurde offenbar sowohl durch Fortpflanzung an Ort und Stelle als auch durch Wanderung nach unten von höheren Regionen her verursacht. Endlich erreichte eine dritte Invasionswelle Ende August/September die Nadelwaldgebiete, stellenweise erfolgte diese erst im Oktober. Auch in diesem Fall war die Frequenzspitze vermutlich mit Fortpflanzung verbunden.

Die Fortpflanzungstätigkeit geht während dieses Nomadisierens weiter. Hochträchtige Weibchen machen sich aber auf jeder Höhenstufe seßhaft, also selbst weit entfernt von den optimalen Vorkommensgebieten der Art (Curry-Lindahl 1961b, 1962b, 1963f).

Um ein klares Bild des zeitlichen und räumlichen Ausmaßes der Langwanderungen zu erhalten, ist eine verstärkte Forschungsarbeit mit umfassenden Kennzeichnungen und Altersbestimmungen in großem Umfang erforderlich.

Während der Langwanderungen in Norwegen und Schweden 1960 und 1961 zeigte es sich, daß alle wandernden oder nomadisierenden Berglemminge — an ihrer reizbaren Stimmung im Gegensatz zu den ansässigen und in Revieren wohnenden Lemmingen zu erkennen — Männchen und Junge beider Geschlechter waren, wohingegen die seßhaften Lemminge aus trächtigen Weibchen bestanden (Curry-Lindahl 1961b, 1962b). Diese Beobachtungen konnten mit wenigen Ausnahmen in späteren Lemmingjahren bestätigt werden.

Es ist natürlich, daß trächtige Weibchen, die ein Nest bauen und ihr Nestgebiet bewachen, an einem Ort verbleiben. 1960 und 1961 wurde festgestellt, daß Fortpflanzung in allen Vegetationszonen vorkam. Das bedeutet, daß die befruchteten Weibchen zumindest während der zwei letzten Wochen der Trächtigkeitsperiode ihr Nomadenleben aufgeben und sich in passenden Gebieten niederlassen, wo sie ein Nest bauen und ein Gangsystem anlegen.

Es ist zu erkennen, daß auch Männchen und Jungtiere ihre Langwanderung in zusagenden Gebieten unterbrechen können und dort ihre Laufgräben anlegen. Nach und nach werden die jungen Weibchen hier trächtig und bekommen ihre Jungen; möglicherweise wandern auch erst vor kurzem befruchtete Weibchen ein. Bald werden die Männchen dort von den dominierenden trächtigen Weibchen verjagt. Auch selbständige Junge werden von den trächtigen Weibchen so behandelt. Auf diese Weise kommt es zu einer erneuten Wanderwelle mit ungefähr dem gleichen Rhythmus wie bereits beschrieben (hier oben). Im Verlauf des Sommers erhöht sich also die Zahl der Generationen weiter, wenn sie bereits während der Fortpflanzung im Winter groß war. Hierdurch wächst die Zahl der Lemminge mit jeder Wanderwelle, was der Grund dafür ist, daß man aufsehenerregende Langwanderungen am häufigsten im Spätsommer und Herbst sehen kann.

Wie gesagt, kommen Populationsspitzen sehr oft zwei Jahre hintereinander vor, wobei der Bestand im ersten Jahr gewöhnlich zunimmt und im zweiten seinen Höhepunkt erreicht. Danach folgt ein schneller Rückgang. Dieser Frequenzverlauf kann mit Langwanderungen in beiden Jahren kombiniert sein, dazu mit einer Ruhepause im Winter. Der plötzliche Zusammenbruch der Population, der gewöhnlich einer Langwanderung folgt, kann zu jeder Jahreszeit eintreffen, wird aber im Winter und Herbst am häufigsten sein. 1961 trat er in den Lappmarken Lycksele und Pite im Frühjahr und Sommer ein.

In manchen „Lemmingjahren", oder vielleicht nur in gewissen Phasen eines solchen Jahres, verbleiben alle trächtigen Weibchen und deren Nachkommen in den für sie geeigneten Lebensstätten oberhalb der Baumgrenze. Es scheint daher, daß diese Altersgruppen überhaupt nicht oder nur zu einem geringen Teil an Langwanderungen teilnehmen. Und trotzdem scheinen sie von der gleichen hohen Sterblichkeit betroffen zu sein, die für die ausgewanderten Lemminge auf den niedrigeren Höhenstufen bezeichnend ist. Das Resultat ist, daß ein Teil der Optimalbiotope aufgrund von Abwanderung und Aussterben nicht von Lemmingen besetzt ist, während andere Gebiete oberhalb der Baumgrenze neu besetzt werden. Die Langwanderungen scheinen also zu einer Arealvermehrung der Lebensstätten oberhalb der Baumgrenze zu führen.

Während meiner Arbeiten im Gebirge in den 40er Jahren setzte ich voraus, daß sich die Berglemminge in Normaljahren immer in ihren optimalen Biotopen befinden, obgleich man sie aufgrund ihrer geringen Anzahl und ihrer Scheu selten oder überhaupt nicht sieht. Während der Expedition in den 50er Jahren widmete ich der Frage noch größere Aufmerksamkeit. Anhand der Spuren von Berglemmingen, Laufgräben und Exkrementen sowohl in Sommer- als auch Winterquartieren versuchten wir uns ein Bild über das Vorkommen der Art zu machen. Nach und nach schöpften wir Verdacht, daß trotz guter Nahrungsbestände auf vielen Bergheiden überhaupt keine Berglemminge vorkämen, obwohl ich dort 3 bis 15 Jahre früher Tiere gesehen hatte. In den 60er Jahren, in denen sich die „Lemmingjahre" über die ganze Gebirgskette erstreckten (im Gegensatz zu den partiellen Lemmingjahren in der Periode 1943 bis 1959), konnten wir mit an Sicherheit grenzender Wahrscheinlichkeit feststellen, daß auf erstaunlich großen Gebieten der Bergheiden, auf denen früher Lemminge vorkamen, diese Tiere völlig fehlten. Andererseits sahen wir in den 60er Jahren, daß Gebiete, in denen früher keine Lemminge vorkamen, von Lemmingen besetzt waren und daß in mindestens fünf Fällen (zwei in Jämtland und je ein Fall in Åsele, Pite und Lule Lappmark) Gebiete nach 4- bis 18jähriger Abwesenheit wieder besetzt waren.

Daß sich Berglemminge auf Langwanderungen in anderen Gebirgsgegenden als ihren ursprünglichen niederlassen können und dort einen neuen Stamm bilden oder sich mit einem bereits vorhandenen Stamm verbinden, wurde von E k m a n (1922) vermutet und von K a l e l a (1941, 1949) im Zusammenhang mit den Lemmingjahren 1938 und 1942 bewiesen. Die Folge war, daß der Berglemming in den Jahren 1937 bis 1946 etappenweise sein Fortpflanzungsgebiet im südöstlichen finnischen Lappland auf mehreren isolierten Vorgebirgen erweiterte. Eine ähnliche Expansion geschah im gleichen Gebiet in der Periode 1894 bis 1903 als Ergebnis der Langwanderungen 1895 bzw. 1902/1903. Zwischen 1907 und 1930 verschwanden die Berglemminge von diesem Gebiet. Auch auf der Halbinsel Kola wurde bewiesen, daß Berglemminge auf einer Langwanderung in einem neuen Gebiet eine langjährige Population bilden können (F o l i t a r e k 1943).

Infolgedessen sind Langwanderungen und Bewegungen zwischen verschiedenen Fortpflanzungsgebieten Teile eines längerfristigen Prozesses, in dem der Berglemming sein Verbreitungsgebiet wechselt. Die Okkupation von „neuen" Gebieten ist daher nicht eine Erweiterung des Verbreitungsgebietes im Sinne des Wortes, sondern diese Ausbreitung ist flexibel. Wenn ein Gebiet geräumt wird, wird ein anderes besetzt usw. Dieses Muster läßt sich auf lange Sicht erkennen. Charakteristisch für diese Arealverschiebung des Berglemmings ist, daß sie innerhalb der optimalen Lebensstätten oberhalb der Baumgrenze stattfindet, obwohl er Gebiete unterhalb der Baumgrenze überqueren muß, um isolierte Vorgebirge zu erreichen.

Dieser letztgenannte Umstand erweckt den Verdacht, zumindest auf dem jetzigen Forschungsstand, daß die Richtung der Langwanderung meist ein Zufall ist, wobei die topographischen Verhältnisse, besonders die Lage der Täler, eine bedeutende Rolle spielt. Der Teil der wandernden Berglemminge, der auf günstige Lebensstätten auf Bergheiden stößt, bleibt dort und siedelt sich an, während die Masse der immer weiter hinunter in das Waldland wandernden umkommen, bevor sie einen festen mehrjährigen Stamm gründen können. Mehrere Kontingente wandernder Lemminge können sich an einer Stelle niederlassen, an der sie alle im nachfolgenden Winter umkommen.

Gemäß C o l l e t t (1895) hat der Berglemming in Norwegen mehrere Hauptgebiete, in denen die Art normalerweise vorkommt und von denen die Wanderzüge ausgehen, wobei jeder Stamm eine bestimmte Wanderrichtung hat. So wandern die Lemminge von den Hardangervidda und Jotunheimen in westlicher Richtung, die von Langfjeld sowohl nach Westen als auch Osten. Von Nord-Trøndelag können die Wanderungen nach Westen, Süden und Osten erfolgen. Von Nordland gehen sie in westlicher und östlicher Richtung und von Finnmark schließlich in alle Himmelsrichtungen.

Wenn die verschiedenen Lemmingpopulationen auf Langwanderung sind, kann es geschehen, daß Teile aufgrund ihrer vorherrschenden Bewegungsrichtung aufeinandertreffen. Sie können dann gemeinsam in einer Richtung weiterwandern, was zum Beispiel 1961 unterhalb von Taavaskaite in Torne Lappmark eintraf. Die Lemminge aus vielen Richtungen folgten den verschiedenen Flüssen und Bächen, und wanderten endlich sowohl längs des Taavajoki und Råstoätno, dem letzteren in östlicher Richtung folgend. Gruppen, die einander begegnen, können sich aber auch in entgegengesetzten Richtungen fortbewegen. Das traf zum Beispiel bei Partaure in Pite Lappmark 1960 ein, wo die Lemminge in völlig entgegengesetzten Richtungen über den See schwammen. Ähnliche Beobachtungen wurden in Finnland gemacht.

Berglemminge, die auf der Langwanderung von den Bergheiden die Birken- und Nadelwaldgebiete erreicht haben und sich dort für eine Zeit niederlassen, können möglicherweise zu ihren alten Gebieten zurückkehren. Beispiele für solche Bewegungsrichtungen habe ich im Gelvernokkogebiet in Jämtland, im Vindeltal in Lycksele Lappmark, Låotakjokk in Lule Lappmark und Graddielva in Norwegen gesehen (C u r r y - L i n d a h l 1963f). In diesen Fällen lagen ein bis vier Wochen zwischen Abstieg und Rückwanderung nach oben, und in einem Fall (Jämtland) wurden die Wanderungen herunter und hinauf gleichzeitig durchgeführt. Jedoch habe ich außer für das Graddielvagebiet keinen Beleg dafür, daß es sich um die gleichen Tiere handelte, die erst nach unten und dann wieder nach oben wanderten. Es konnte sich um verschiedene Populationen mit verschiedenen Ursprungsgebieten oder um verschiedene Generationen handeln. Jedoch dominierten die Männchen unter den wandernden Lemmingen sowohl in den herunterziehenden als auch den aufwärtswandernden Gruppen. Eine ähnliche Rückkehr nach oben wurde im Mai 1960 von Ammarnäs (ebenfalls Vindeltal) gemeldet (M a r s d e n 1964).

Die Langwanderungen können zu jeder Tages- und Nachtzeit stattfinden, sind jedoch nachts am umfangreichsten. Es ist charakteristisch, daß sie ziemlich plötzlich beginnen. Man hat den Eindruck, daß die Tiere von einem Tag zum anderen starten. Wenn die Berglemminge bei der Langwanderung einem bestimmten Steig folgen, kann man in manchem Gelände 40 bis 50 Lemminge zählen, die in einer Stunde vorbeikommen. Die höchste Zahl, die ich jemals zählte, war im Juli im Graddielvagebiet in Norwegen, wo zwischen 4.20 und 5.20 Uhr 49 Lemminge vorbeizogen. Alle diese Lemminge wanderten einzeln und in der Regel außer Sichtweite voneinander: der Weg war mit Exkrementen bestreut. Mitunter hielt ein Lemming an, um zu essen, und bei solchen Gelegenheiten wurde er vom nächsten Lemming eingeholt. Das Nahrung aufnehmende Tier nahm im allgemeinen eine aggressive Haltung an, wobei der springende Lemming anhalten und schreien konnte, meist aber weitersprang, ohne sich um seinen essenden Artgenossen zu kümmern. Bei einigen Gelegenheiten zeigten sich bei solchen Zusammentreffen Kampfintentionen.

Der Berglemming verhält sich auf Langwanderungen ähnlich wie bei Saisonwanderungen, und auch der Verlauf der Wanderungen ist so ziemlich der gleiche. Das Ziel der Wanderung, die zurückgelegten Strecken, mitunter der Zeitpunkt sowie auch die Ursachen sind unterschiedlich (siehe Seite 90—91).

13.3. Massenwanderungen

Der Ausdruck Massenwanderungen wurde auf Seite 82 definiert. Solche zufälligen Konzentrationen können bei Langwanderungen in jedem „Lemmingjahr" eintreffen, werden jedoch im allgemeinen nur in den Gegenden bemerkt, die mehr oder weniger von Menschen besucht werden und besiedelt sind. Ursache der Legenden um die Lemminge sind hauptsächlich diese Massenwanderungen.

Den Massenwanderungen scheint immer eine zufällig aufgezwungene Massenkonzentration von Berglemmingen voranzugehen. Solche Massenvorkommen entstehen (wie teilweise auf Seite 82 genannt) durch bestimmte topographische Gegebenheiten, wenn zum Beispiel ein langes Seeufer eine Wanderbewegung verlangsamt oder wenn die Lemminge zwischen zwei Flußarmen wie in einem Trichter gefangen werden. In diesen Fällen, wie auch in anderen ähnlichen Situationen, kommt es zu einer Ansammlung von Lemmingen, wobei die Konzentration der Tiere zum Schluß so groß ist, daß die lokale Übervölkerung panische Reaktionen auszulösen scheint. Diese findet ihren Ausdruck in einer Wanderung, die in alle Himmelsrichtungen erfolgen kann, aufwärts oder abwärts, über Flüsse und Seen, und mitunter, vor allem in Norwegen, an das den Bergen nahegelegene Meer führt. Eine solche Wanderung kann sich von den Bergheiden aufwärts über Gletscher und Bergspitzen erstrecken, kann also bereits oben auf den Bergheiden ausgelöst werden; aber auch dort scheint Übervölkerung die Hauptursache zu sein.

Eine typische Situation, die eine nachfolgende Massenwanderung auslöste und auf die ich zufällig im Juli 1960 im Nadelwaldgebiet bei Graddielva in Norwegen westlich von Vuoggatjålme stieß, kann als Beispiel gelten. Dort wimmelte es von Berglemmingen. Besonders zahlreich waren die Tiere an einem Nordabhang zum Fluß. Der Platz war ganz in der Nähe des Zusammenflusses zweier Flußarme. Überall in der Moosdecke konnte man Gänge und Wohnlöcher sowie große Losungshaufen sehen. Die letzteren waren Gemeinschaftsplätze und lagen verstreut im Terrain. Zu diesen führten gut ausgetretene Miniaturstiege, die sich in die Moosvegetation eingedrückt hatten. Selbst während der heißesten Zeit des Tages (Hitzewelle!) war ein Teil der Lemminge auf diesem Platz aktiv, doch war dies nur ein Bruchteil der gewaltigen Anzahl, die der Platz in den Abend- und Nachtstunden zu beherbergen schien. Am Tage hielten sich die Lemminge in den zur Verfügung stehenden Unterschlupfen auf. Mitunter sammelten sich die Tiere nachts in großen Scharen am Flußufer.

Viele Tiere schwammen über den Fluß, die meisten zögerten aber, den Strom zu überqueren. Sie sprangen am Ufer auf und ab, warfen sich mitunter ins Wasser, kehrten aber gleich wieder um. Bei diesem Schwimmen im Graddielva handelte es sich deutlich noch nicht um eine panische Massenflucht, sondern die Lemminge schwammen einzeln hinüber und hatten vorher fast immer sorgfältig, um nicht zu sagen „vorsichtig", den besten Übergangsplatz ausgewählt.

Trotz dieser scheinbar gut durchdachten Handlungen der Berglemminge war deutlich zu sehen, daß die dichte Population am Graddielva in ständiger Unruhe lebte. Die Gründe für diese Rastlosigkeit waren möglicherweise die außergewöhnlich hohen Tagestemperaturen, eine für arktische Tiere ungeeignete Lebensstätte und Übervölkerung. Vermutlich entwickelte sich der Psychose- oder Streßprozeß in diesem Gedränge, aber der Grenzwert für die Auslösung einer Massenwanderung war noch nicht erreicht. Wie gewöhnlich stellten die hochträchtigen Weibchen einen großen Kontrast zu der fieberhaften Nervosität der übrigen Lemminge dar. Die Erstgenannten traten in dem Chaos der herumspringenden und schreienden Artgenossen methodisch und zielstrebig auf. Sie kannten die Plätze genau, wo sich ihre schützenden Löcher befanden, in denen sie bei Gefahr sofort verschwanden.

Fünf Tage dauerte die Anhäufung der Berglemminge, die bereits vor meiner Ankunft begonnen hatte. Eines Nachts machten sich alle Lemminge auf den Weg. Die Mehrzahl schwamm über den Hauptfluß und setzte dann am Uferrand die Wanderung fort, aber ein Teil der Lemminge ging zurück in die Richtung, aus der sie gekommen waren (C u r r y - L i n d a h l 1963f). Vor der Auflösung dieser Konzentration — ich schätzte die Anzahl zum Schluß auf ungefähr 280 Lemminge je ha — waren keine Anzeichen eines bevorstehenden Populationszusammenbruches zu bemerken. Die Verluste waren vor allem durch Wiesel und Eulen hoch, man konnte jedoch nur wenige verendete Lemminge finden.

Eine ähnliche Ansammlung habe ich im Herbst auf einer Landzunge im Storsjö in Jämtland beobachtet, doch war die Konzentration nicht so hoch und wurde auf ungefähr 140 Lemminge je ha geschätzt, genau die Hälfte der Anzahl am Graddielva.

13.4. Distanzen

Die Länge der Wanderzüge kann sehr stark variieren. Wie aber aus früheren Abschnitten in diesem Kapitel hervorging, werden diese Wanderungen oft etappenweise ausgeführt. Zwischen diesen Etappen lassen sich zumindest Teile der nomadisierenden Populationen zeitweise in einem geeigneten Gebiet nieder, wo die Geburt und Aufzucht der Jungen stattfindet. So können sich Langwanderungen zeitlich über mehrere Monate erstrecken, und in manchen Jahren kann selbst ein ganzer Winter als Pause benutzt werden.

In Norwegen (Nordland) umfassen Langwanderungen 5—7 km (M a r s d e n 1964). Es geht aus den Ausführungen nicht hervor, ob diese Distanzen Etappen oder ganze Langwanderungen darstellen. 1963 wanderten die Berglemminge in Norwegen 19 km nur in der Nadelwaldzone (C l o u g h 1965a), was nur eine Etappe war, wenn auch die letzte.

In Finnland schätzte S a l k i o (1958), daß die Berglemminge 1958 in 24 Stunden 15 km zurücklegten, und nach K a l e l a s Verbreitungskarte (1949) des Lemmingjahres 1937—1938 zu urteilen, wanderte ein Teil der Berglemminge ungefähr 150 km und ließ sich auf einem isolierten Vorgebirge nieder. Im Herbst 1969 wanderten die Berglemminge ungefähr 30 km vom alpinen Gebiet von Pallastunturi hinunter in den Nadelwald (K a l e l a und K o p o n e n 1971).

Von der Halbinsel Kola wird berichtet, daß Berglemminge auf Wanderzügen 10—25 km von ihren Optimalbiotopen auf der Tundra entfernt angetroffen wurden, von denen die Wanderung begonnen hatte (N a s i m o v i c h et al. 1948). Der gleiche Forscher berichtet von einer Angabe aus dem Jahr 1938 über eine Distanz von 139 km. Als Kuriosität kann erwähnt werden, daß 1935 die Halbinsel Kola von einer Invasion von Berglemmingen betroffen worden sein soll, die von der mehr als 450 km entfernten Torne Lappmark kamen (F o l i t a r e k 1943).

13.5. Periodizität

Die periodischen Bevölkerungsschwankungen werden in einem besonderen Kapitel behandelt (Seite 111 ff.). Hier soll nur darauf hingewiesen werden, daß die Wanderzüge natürlich die Folge eines Populationsausbruches (Lemmingjahr) sind, daß sie aber nicht in jedem Jahr das gleiche Ausmaß haben.

13.6. Ursachen der Wanderzüge

Die Langwanderungen des Berglemmings sollen, so wurde behauptet, auf Nahrungsmangel, Krankheiten, Übervölkerung, Psychosen und anderen Umständen beruhen. Was immer der Grund dafür sein mag, so können die Bergheiden den Lemmingstamm, selbst wenn er sehr zahlreich ist, ernähren, und die wandernden Lemminge waren nie so abgekommen, daß sie sich in den Wanderpausen nicht vermehren oder in anderen Gegenden erneut niederlassen und einen Stamm aufbauen konnten. Es ist allerdings eine Tatsache, daß sehr viele Lemminge auf den Wanderzügen umkommen. Die Lemminge, die in einen „falschen" Biotop kommen, sind zum Untergang verurteilt, doch spielen auch andere Todesursachen eine Rolle. Dies wird im nächsten Kapitel behandelt (Seite 95 ff.).

In der reichlich vorhandenen Literatur über die Faktoren, die die Wanderungen auslösen, unterscheiden nur wenige Forscher zwischen Saisonwanderungen und Wanderzügen. Die Lage ist daher etwas verwirrt. Mehrere Autoren sind der Auffassung, daß Nahrungsmangel der Hauptfaktor für den Aufbruch zu einer Langwanderung ist. Ihr Material scheint aber auf abgeweideten begrenzten Flächen in den Winterquartieren der Lemminge zu basieren, was irreführend ist. Vieles deutet darauf hin, daß Langwanderungen im Zusammenhang mit der Frühjahrswanderung äußerst selten sind und vielleicht niemals in den Winterquartieren der Flechtenzone ihren Ursprung haben. Sie können dagegen von niedrigeren Höhenstufen ausgehen, aber dort ist andererseits die Nahrung fast niemals ausreichend.

Man weiß noch nicht mit Sicherheit, welche Faktoren den Aufbruch zu einem Wanderzug in großem Umfang auslösen. Wahrscheinlich handelt es sich um ein Zusammenspiel mehrerer Ursachen, unter denen eine der Mechanismus sein muß, der den Wanderzug direkt auslöst. In Finnland, wo die Lemmingforschung am weitesten vorangekommen ist, haben sich die Auffassungen mit den wachsenden Erkenntnissen um den Berglemming geändert.

K a l e l a war 1949 der Meinung, daß Übervölkerung und Nahrungsmangel die Hauptfaktoren für die Langwanderungen darstellen. 1961 änderte er diese Auffassung dahingehend, daß „wenn die Lemmingpopulation dicht ist, Wanderzüge wahrscheinlich auch ohne Stimulanz durch Nahrungsmangel ausgeführt werden". (Ich möchte hinzufügen, daß Langwanderungen der

Lemminge nur in „dichten" Populationsjahren vorkommen.) Weitere Erfahrungen vom Lemmingjahr 1969/1970 in Finnland waren der Grund dafür, daß die Ansicht, daß Nahrungsmangel der auslösende Primärfaktor für Langwanderungen sei (Kalela und Koponen 1971), erneut in den Vordergrund trat, doch gründete sich dies auf die Verhältnisse in Nadelwaldbiotopen.

Für die Lemmingbevölkerungen in der Neuen Welt wurde örtlich festgestellt, daß die Vegetation in einem Spitzenjahr völlig abgeweidet wurde (Elton 1942, Thompson 1955b), und daß diese Tatsache Wanderungen ausgelöst habe. Abgesehen davon, daß diese Erkenntnisse dem Abweiden im Winter galten, was übrigens auch in Europa festgestellt wurde (Curry-Lindahl 1961b, Kalela 1961), und daß die beobachteten Wanderungen daher wahrscheinlich normale Saisonwanderungen waren, so sind Wanderungen der nordamerikanischen Lemminge *Lemmus sibiricus trimucronatus* und *Diocrostonyx torquatus* sowohl ungewöhnlich als auch regellos (Gavin 1945, Cahalane 1947, Thompson 1955c, Bee und Hall 1956, Pitelka 1957, Krebs 1964) und können in ihren Dimensionen nicht mit dem verglichen werden, was periodisch in Fennoskandien eintritt. Dort scheinen die Wanderzüge und die Verbreitung des Berglemmings über große Flächen das Risiko zu vermindern, daß es zu Futtermangel in den Winterquartieren kommt, in denen die Moosvegetation abgeweidet wurde. Mehrere Jahre sind erforderlich, bis sich der Bewuchs an Moosen erholt hat. Dazu kommt, daß, soweit ich weiß, bis jetzt noch keine ausgemergelten wandernden Berglemminge angetroffen wurden. Wanderzüge sind keine „Hungermärsche".

Vieles deutet darauf hin, daß die Langwanderungen vor allem durch Übervölkerung in den wichtigsten Lebensstätten der Art auf den Bergheiden verursacht werden. Diese Ansicht wurde von Elton (1953) vertreten und erscheint mir die glaubhafteste, obwohl der Primärfaktor für den Beginn der Wanderung wahrscheinlich nicht wie von ihm noch behauptet, Mangel an Nahrung ist, denn die Wanderzüge beginnen, bevor eine solche Notlage eintritt (Curry-Lindahl 1961b, 1962a, 1963f).

Bereits 1907 verwarf Ekman den Gedanken an Nahrungsmangel als eine Ursache für die Wanderungen des Berglemmings. Der Verlauf der Wanderungen sollte für den Berglemming als Art im höchsten Grad von Überlebenswert sein, denn in den optimalen, teilweise verlassenen Gebieten in der Flechtenzone verbleiben oft Lemminge, zum Beispiel trächtige Weibchen und neugeborene Junge, während andere Tiere der Population andere Gebiete im Gebirge aufsuchen, wo sie, wie Kalela (1949) gezeigt hat, sich niederlassen können und wo sie dann verbleiben. Es besteht allerdings in einem Spitzenjahr weiterhin ein großer Überschuß an Lemmingen, die früher oder später aus verschiedenen Gründen reduziert oder völlig vernichtet werden, wenn sie Gebiete erreicht haben, an die sie ökologisch nicht angepaßt sind. Aber die Nahrungsvegetation in den optimalen Lebensstätten der Art ist vorhanden und kann unmittelbar ohne Intervall erneut die Grundlage für den Wiederaufbau von Lemmingpopulationen bilden, bis es einige Jahre später zu einer erneuten Spitze kommt. Damit sind wir wieder bei der Raum und Zeit umfassenden Arealverschiebung, die auf Seite 86 berührt wurde.

Es gilt also immer noch, den direkten Faktor zu finden, der eine Langwanderung auslöst. Ich glaube, daß die Antwort zu dieser Frage in der individuellen Veranlagung des Berglemmings zu finden ist und der damit verbundenen Intoleranz gegen Artgenossen, mit anderen Worten, seiner stark entwickelten Aggressivität, wenn schutzbietende Plätze fehlen (Curry-Lindahl 1961b, 1962b, 1963f). In 7.5. wurde beschrieben, wie die Aggressivität der Art in Lemmingjahren beinahe ununterbrochen demonstriert wird, während sie in Jahren mit sehr kleiner Bevölkerung kaum vorhanden ist. In den eben erwähnten Arbeiten wurde auch nachgewiesen, wie die trächtigen Weibchen in einer Population dominieren und daß sie die vorhandenen Wohnplätze und Unterschlupfe in Besitz nehmen. Das bedeutet, daß die Männchen und die Jungtiere keinen Zugang zu optimalen Schutzmöglichkeiten haben. Die Vorherrschaft der Weibchen wurde auch von Kalela (1961) und Clough (1965a) betont; letzterer studierte die Berglemminge in Norwegen. Bei steigender Übervölkerung entsteht eine ausgeprägte Konkurrenz, und es kommt zu ständigen Streitigkeiten zwischen praktisch allen Tieren eines Gangsystems. Dies bedeutet, daß die Tiere ohne festes Revier, die sich nicht schnell in Sicherheit bringen können, ständigen Gefahren auch durch Raubtiere ausgesetzt sind. Das Verhalten, sich bei Gefahr schnell in Schutz innerhalb des Laufgrabensystems zu begeben, ist bei dem Berglemming sehr stark entwickelt. Es ist daher anzunehmen, daß der psychische Effekt, keinen Zugang zu schutzbietenden Gängen zu haben, praktisch unablässig Gefahren ausgesetzt zu sein und sich unaufhörlich beim häufigen Zusammentreffen sowohl mit ansässigen als auch Artgenossen, die ebenfalls ohne Revier sind, heftig zu erregen, zu der nervösen Rastlosigkeit beitragen wird, die bei Männchen, jedoch nicht bei trächtigen Weibchen und Jungen in einem übervölkerten Gebiet so auffallend ist. Dieser steigende Streß wird in vielfältiger Weise auf den Organismus einwirken und ein wichtiger Teil, vielleicht der wichtigste des Faktorenkomplexes sein, der einen Wanderzug auslöst. Die trächtigen Weibchen, die Schutzmöglichkeiten haben, sind jedoch gegen die steigende Nervosität der Population immun. Eine solche Situation im Heimatgebiet erinnert an die, die für ein zufälliges Zusammentreffen beschrieben wurde, wenn die Langwanderung aufgehalten wird (Seite 89).

Durch Untersuchungen in Finnland und Schweden wissen wir, daß zu Beginn eines Wanderzuges Männchen und Junge überwiegen, während die trächtigen Weibchen im Ausgangsgebiet verbleiben (Curry-Lindahl 1961b, Kalela 1961). Ebenso verhält es sich bei den Saisonwanderungen. Dies hat Kalela (1961, 1970) und in gewisser Weise Clough (1965a), veranlaßt, den Auslöser für den Aufbruch zu einer Langwanderung in der Aggressivität der trächtigen Weibchen gegenüber den Männchen zu sehen. Diese Weibchen sind sicher zu einem großen Teil die Ursache für die ständigen Aggressionshandlungen gegen Artgenossen, aber die Männchen selbst tragen zumindest in gleichem Umfang zu den ständigen Reibungen bei. Daß sie zum Schluß die ersten sind, die zusammen mit den nicht trächtigen Weibchen (!) das Feld räumen, wird in erster Linie dadurch verursacht werden, daß sie in dem übervölkerten Gebiet ohne Schutz und verunsichert sind.

Ein wichtiger Umstand ist, daß die Weibchen nach Aufzucht ihrer Jungen oft in den optimalen Lebensstätten auf den Bergheiden zu verbleiben scheinen. In den Gebieten unterhalb der Baumgrenze räumen sie dagegen die Wohnplätze, wenn die Aufzucht der Jungen beendet ist, um auch in ein anderes Gebiet zu ziehen, meist abwärts. Nach den Erfahrungen in Schweden von zwei Lemmingjahren in den 60er Jahren zu urteilen, sterben die zurückgebliebenen Weibchen in den folgenden Wochen entweder aufgrund von Feinddruck oder anderer Ursachen. Dieser Prozeß verläuft sehr schnell, und es ist ungewiß, ob überhaupt immer einige Lemminge in dem Gebiet überleben.

Wie aus obigem Gedankengang hervorgeht, ist die gegenseitige Aggressivität der Berglemminge in Verbindung mit Unsicherheit aufgrund von Mangel an Schutzmöglichkeiten der Primärfaktor für das Auslösen einer Langwanderung. Ich bin der Meinung, daß diese Auffassung, die sich auf die Lemmingperiode 1960/1961 gründet (Curry-Lindahl 1961b, 1962b, 1963f), durch weitere Erfahrungen in den folgenden Lemmingjahren bestätigt wurde. Diese Auffassung stellt nur eine Nuance von Kalelas Theorie dar (1961, 1970), daß es nur die Aggressivität der Weibchen ist, die die Männchen zum Aufbruch zu einem Wanderzug stimuliert, an dem die Weibchen später selbst teilnehmen. Clough (1968) scheint seine Ansicht von 1965 (siehe oben) über die Rolle der Weibchen als Auslöser von Langwanderungen geändert zu haben, denn in seinen späteren Arbeiten spricht er von der Aggressivität beider Geschlechter als auslösendem Faktor.

Selbst wenn die Mehrzahl der wandernden Berglemminge umkommt, so überlebt eine ausreichende Anzahl, damit die Art existieren kann. Und diese überlebenden Tiere können drei bis vier Jahre später wieder eine Population aufbauen, die dann explodiert. Wir haben bereits auf einen der Vorteile der Wanderzüge hingewiesen: sie verbreiten die Art über Gebiete mit optimalen Biotopen, die viele Jahre „brach gelegen haben", ohne von den Lemmingen genutzt zu werden und die daher sowohl im Winter als auch im Sommer einen reichlichen Nahrungsvorrat anbieten. Dieser Verbreitungswechsel hat zweifellos einen Wert für das Überleben einer Art wie den Berglemming mit dessen sehr hohem Reproduktionspotential. Ein anderer Vorteil, den Kalela (1949) hervorgehoben hat, ist offensichtlich. Dadurch, daß die Lemminge in verschiedene Richtungen wandern, gelangen die in der Flechtenzone isolierten Stämme nicht nur in neue Gebiete, sondern diese verschiedenen Populationen können sich auch treffen, was den Austausch von Genen erleichtert. Ohne die Wanderzüge der Lemminge könnte ein solcher Austausch nie stattfinden. Dieser Nebeneffekt ist wahrscheinlich von großer genetischer Bedeutung.

Die „Wechselwirtschaft" des Berglemmings mit Biotopen, die mehrjährig ohne Bestand sind, ist eine elegante Lösung der Existenzprobleme der Art in einer kargen Natur. Die Langwanderung ist ein wichtiges Moment in dieser Spezialisierung, wie auch die Prozesse, die diese auslösen.

14. Populationszusammenbrüche

Im vorigen Kapitel wurde darauf hingewiesen, welche gewaltige Anzahl Berglemminge ziemlich kurz nach einer Populationsspitze und im allgemeinen im Zusammenhang mit Langwanderungen umkommt. Viele Faktoren scheinen zu diesem Vorgang beizutragen. Feinden unter den Säugetieren und Vögeln wurde oft eine bedeutende Rolle zugeschrieben, aber 1960 war zum Beispiel der Rauhfußbussard, ein Spezialist für Kleinnager, nur stellenweise zahlreicher als in „lemmingfreien" Jahren. Ebenso verhält es sich mit Füchsen, Polarfüchsen, Wieseln und Turmfalken. Aber selbst wenn die ganze Schar der Feinde in einem Lemmingjahr völlig mobilisiert ist, sollte deren Druck nicht ausreichen, den Strom der Lemminge in nennenswertem Grad zu dämpfen. Raubtiere und Greifvögel werden zuweilen einen Populationszusammenbruch verzögern (wie sie es mit einer Populationseruption tun, die mitunter wahrscheinlich verhindert werden kann), da die Lemminge aufgrund der Verfolgung den Grenzwert zur Auslösung eines Wanderzuges durch Übervölkerung erst später erreichen (Bee und Hall 1956). Andererseits wurde in Alaska festgestellt, daß Raubtiere, Greifvögel und Eulen zumindest mitunter die hauptsächlichste Todesursache des Braunen Lemmings sind (Pitelka, Tomich und Treichel 1955a).

Die Feinde können sicher, wie im Fall von Alaska, oft eine entscheidende Rolle für die Regulierung des Lemmingbestands spielen. Allgemein gesehen, scheint die Größe solcher Populationen von einem Komplex der an der Lebensstätte wirkenden Faktoren (darunter Feinddruck) zusammen mit selbstausgleichenden Mechanismen reguliert zu werden. Dafür scheint der Berglemming in hohem Grad ein sprechendes Beispiel zu sein.

Obwohl Raubtiere, Greifvögel und Eulen oft die wichtigsten verbrauchenden und reduzierenden Umweltfaktoren gegenüber den Kleinnagerpopulationen sind, sind sie nicht von so großer Bedeutung, daß sie auf die Dauer die Populationen allein regulieren können, jedenfalls nicht, wenn sich diese auf maximalem Niveau befinden. Diese Theorie wird nunmehr von vielen Forschern akzeptiert (vergleiche Errington 1954, Chitty 1957, Frank 1957, Curry-Lindahl 1959a, 1959b, Darling 1959).

Für Kleinnager und Pflanzenfresser insgesamt ist natürlich der Zugang zur Nahrung von entscheidender Bedeutung und oft der Faktor, der die Größe der Populationen bestimmt. Knappheit oder Mangel an Nahrung aufgrund von Übervölkerung hat in vielen Fällen schnell zu Katastrophen geführt, wirklichen Zusammenbrüchen, wobei praktisch ganze Populationen ausgerottet wurden. Beispiele hierfür können bei verschiedenen Pflanzenfresserarten, von Hirschen bis zu Kleinnagern gefunden werden.

Der Berglemming jedoch scheint das Beispiel für eine Art zu sein, deren Populationen durch einen sinnreichen Verhaltensmechanismus vermeiden, aufgrund von Nahrungsmangel zusammenzubrechen. Daß auch für die Graurötelmaus *(Clethrionomys rufocanus)*, den Nachbarn des Berglemmings in der Flechtenzone, die Nahrung kein Primärfaktor für eine Bevölkerungsverminderung ist, wurde in Finnland von Kalela (1957) bewiesen.

Wenn weder Feinde noch Nahrung entscheidende Bedeutung für die Populationszusammenbrüche der Berglemminge haben, die unter den Wirbeltieren der ganzen Welt fast unübertroffen sind, was ist dann die Ursache für deren Sterben? Die Berglemminge sterben in dem 4-Jahreszyklus, der die Periodizität der Art charakterisiert. Das bekannte Höchstalter ist nicht einmal drei Jahre. Doch die meisten Berglemminge sterben wohl nicht an Altersschwäche. In den ersten Kapiteln haben wir von den eigentümlichen, vom normalen abweichenden Verhaltenszügen gesprochen, die beim Berglemming in Explosionsjahren kennzeichnend sind. Konkurrenz untereinander um schützende Wohnlöcher und Reviere, andererseits Mangel an Nahrung lösen Nervosität aus und führen allmählich zu Wanderungen, die ihrerseits, da die Tiere in für sie unbekannte Gebiete kommen, die Nervosität steigern, die in Streß übergeht und endokrine Störungen hervorruft. Solche pathologischen Phänomene, die in Massensterben enden, können auch bei anderen Kleinnagern (zum Beispiel der Erdmaus) in dichten Populationen auftreten, bevor ein verhängnisvoller Nahrungsmangel eintritt (C h i t t y 1957, 1960). Früher hat Q u a y (1960a, b) beim Halsbandlemming festgestellt, daß hohe Lufttemperaturen oder/und streßartige Verhältnisse Veränderungen des Gehirns einschließlich des Hypothalamus hervorrufen. Der Ausdruck „Streß" für Tierpopulationen wurde von B r e t t definiert (1958).

Ob Ursachen, wie zum Beispiel Streß, auch für Populationszusammenbrüche bei den Berglemmingen gelten, ist noch nicht bekannt. Im Herbst 1960 fand man tote unversehrte Lemminge in den schwedischen Bergen weit südlich von Storlien, Jämtland und in allen Höhenlagen vom Flechtengürtel bis in die Nadelwaldzone. Das gleiche wurde von früheren Lemmingjahren und Massensterben berichtet (R e n d a h l 1942, E k m a n 1944); und so war es auch in Norwegen auf Dovre im Juli/August 1960 (Y. H a g e n brieflich). Jedoch scheinen auch andere Krankheiten in Form von Epizootien zur Sterblichkeit des Berglemmings beitragen zu können, doch auch diese sind noch nicht ausreichend untersucht. Es hat sich gezeigt, daß Tularämie und Pseudotuberkulose in gewissen Gebieten bei den Lemmingen verbreitet waren (W e s s l é n 1941).

Q u a y s Resultat ist im Hinblick auf die Tatsache interessant, daß streßartige Anzeichen beim Lemming in Lemmingjahren meist auf niedriggelegenen warmen Plätzen zum Ausdruck kommen, für die die Art physiologisch nicht angepaßt zu sein scheint (C u r r y - L i n d a h l 1962b). Bereits 1895 bemerkte C o l l e t t, daß Berglemminge oft bei Hitzewellen plötzlich sterben.

Die Regelmäßigkeit, mit der der Populationskollaps des Berglemmings auftritt, deutet darauf hin, daß dieser nicht zufällig eintrifft, und daß er eine regulierende Funktion hat. Alle Lemmingjahre, denen ich mehr oder weniger an Ort und Stelle folgen konnte, endeten mit einem Populationszusammenbruch. Die Jahreszeit, in der es zu solchen Zusammenbrüchen kam, variierte von Juni/Juli bis zum Winterhalbjahr. In der letztgenannten Periode gestattete die Schneedecke keinen Einblick, und es gab keine Möglichkeit zu ergründen, wann die Lemmingpopulation verebbte. Man konnte nur feststellen, daß, wo sich im Herbst Lemminge aufhielten, im Frühjahr des folgenden Jahres nach der Schneeschmelze keine mehr vorkamen. Selten kann man dabei hier und da im Gangsystem tote Lemminge finden. Im Sommer habe ich zum Beispiel in Härjedalen, Lycksele und Pite Lappmarken an Stellen oberhalb der Baumgrenze sehen können, wie ein zahlreicher Berglemmingstamm in zwei bis vier Wochen buchstäblich verschwand, ohne daß eine Auswanderung stattzufinden schien. Feindeinwirkung kommt vor, aber die meisten Lemminge scheinen ohne äußere Gewalt zu sterben. In ihren Unterschlupfen findet man viele tote Lemminge.

Es kann die Situation eintreten, daß in einem Gebiet die Lemmingpopulation offensichtlich zusammenbricht, während die Population in einem nahegelegenen Berggebiet gleichzeitig einem Kollaps entgeht. So verhielt es sich 1961 in Lycksele Lappmark, wo die Lemminge auf dem Artfjäll starben, wärend sie auf dem Norra Storfjäll weiterlebten. Diese Gebiete liegen beiderseits des Umeflusses.

14.1.   Nahrungsmangel

Die wichtigsten Todesursachen bei Tieren sind in Verbindung mit hoher Bevölkerungsdichte Nahrungsknappheit, Feinde und Krankheiten. Es muß hinzugefügt werden, daß letztere oft in Verbindung mit langen Hungerperioden auftreten oder wenn nur minderwertige Nahrung zur Verfügung steht.

Wir haben bereits im vorhergehenden Kapitel den Gedanken abgeschrieben, daß Nahrungsmangel für den Berglemming ein Faktor ist, der Langwanderungen auslöst, da sie von den optimalen Lebensstätten der Art auf den Bergheiden ausgehen. Der größte Teil der Populationszusammenbrüche geschieht nach dem Verlassen der Optimalplätze oberhalb der Baumgrenze, oft nachdem sich die Art etappenweise in Gebieten der Birken- und Nadelwälder niedergelassen und vermehrt hat. Dort kann gebietsweise Knappheit an der Spezialnahrung des Berglemmings zu einem Populationszusammenbruch beitragen, besonders wenn ein solcher im Spätherbst oder im Winter stattfindet, was relativ oft der Fall ist.

Nicht nur die Quantität der Nahrung, sondern auch deren Qualität und wie leicht zugänglich sie ist, sind wichtige Umweltfaktoren und können erheblich auf die Prozesse einwirken, die den Tierbestand regulieren. Der Berglemming ist in seiner Nahrungswahl ziemlich spezialisiert, aber man hat bis jetzt nur auf den kleinflächigen Winterquartieren feststellen können, daß sie die Pflanzen ihrer Hauptnahrung fast völlig verzehren. Jedoch findet man oft ganz in der Nähe unabgeweidete Stellen, wenn diese auch im Winter schwer oder gar nicht erreichbar sind. Die Nahrungssituation auf den Bergheiden kann im Winter also ein begrenzender Faktor sein, er wird aber in den gleichen Lebensstätten im Sommer keine oder nur eine geringe Rolle spielen.

14.2. Feinde

Die Dezimierung durch Raubtiere, Greifvögel und Eulen ist ein außerordentlich wichtiger Faktor in der Dynamik der Tierpopulationen, die in der gleichen Umgebung bzw. Ökosystem leben. Es ist aber nicht so einfach, die Wirkung auf die Populationen der Beutetiere zu beurteilen.

Beim Berglemming kann man in Lemmingjahren auf den Bergheiden seine Feinde in voller Aktion sehen. Sie haben keine größeren Schwierigkeiten, bei den Wanderungen von dem Überfluß zu leben. Andere Zeitpunkte für konzentrierten und harten Feinddruck sind die Zeit der Schneeschmelze im Frühjahr, wenn die Lemminge über die Schneedecke kommen, auf schneefreie Flecken gezwungen werden, oder wenn sie sich nach einem Umzug in einem Gebiet niederlassen und dort noch keine Laufgrabensysteme zwischen Unterschlupf und Wohnplätzen in den Erdlöchern anlegen konnten. Während eines Lemmingjahres ist übrigens eine große Anzahl der Lemminge immer ohne schützendes Gangsystem und daher Feinden schutzlos ausgeliefert.

Vor allem zwei Raubtiere haben große Bedeutung als Feinde des Berglemmings, Hermelin und Mauswiesel. Durch ihre Jagdweise und ihre Größe können beide die Berglemminge fast überall erreichen, wo sich diese auch befinden mögen. Wie bereits erwähnt, kommen sowohl Hermelin als auch Mauswiesel im Winter nicht in der Flechtenzone vor, in der die Berglemminge in normalen Jahren ihre Zuflucht unter dem Schnee finden.

Keiner Untersuchung im Norden ist es gelungen, den Umfang der Feindeinwirkung der Raubtiere, Greifvögel und Eulen auf den Berglemming klarzulegen. Der Verdacht für Schweden, daß Wiesel zeitweise und örtlich die größte Rolle unter den Verfolgern der Berglemminge spielen (Curry-Lindahl 1961b), wurde für Norwegen (Clough 1968) und Finnland (Tast und Kalela 1971) bestätigt.

Früher wurde angenommen, daß die Berglemminge in ihren Spitzenjahren Raubtiere und Vögel immer dazu stimulieren, größere Würfe bzw. Gelege als gewöhnlich zu produzieren und aufzuziehen. Es ist lange bekannt, daß das Massenvorkommen der Berglemminge Einfluß auf die Fortpflanzungsquote der Säugetiere und Vögel hat, die von diesen Kleinnagern leben. Füchse, Eisfüchse, Wiesel, Raubwürger, Eulen, Greifvögel und Falkenraubmöwen gehören zu den Tieren, die mit größerer Nachkommenschaft als normal auf die Massenjahre der Berglemminge reagieren.

1960 zeigte sich keine allgemeine Erhöhung der Nachkommenzahlen dieser Feinde innerhalb der Gebiete der Bergkette, auf denen ein Überfluß an Lemmingen herrschte. Nur Eulen und die Falkenraubmöwe reagierten mit größerem Vorkommen, möglicherweise auch der Raubwürger, der stellenweise eine große Brut hatte. Sumpfohreulen waren ebenfalls zahlreich auf den Bergheiden, wo sie sonst nicht zuhause sind, die Schnee-Eule brütete vielerorts zwischen Råstonselkä (Torne Lappmark) im Norden und Slengajaureh (Jämtland) im Süden, die Sperbereule zeigte sich häufig in den Birkenwäldern, zum Teil auch im Nadelwald, und für die Falkenraubmöwe verlief die Jungenaufzucht an vielen Stellen gut, was bei diesem Vogel seit Jahren nicht geschehen war. Auch für andere Eulen war 1960 ein gutes Jahr in Norrland, jedoch beruhte dies wahrscheinlich nicht auf der Berglemmingexpansion, sondern darauf, daß an vielen Stellen im Nadelwaldgebiet auch die Wühlmäuse zahlreich waren. Der Rauhfußbussard gehörte somit unerwartet zu den Vögeln, die nicht auf das große Vorkommen an Lemmingen reagierten, sondern nur vereinzelt einen guten Bestand hatten.

Um einen Überblick der Feindeinwirkung auf die Lemmingpopulationen zu erhalten, sind wir gezwungen, uns auch mit den Lemmingen in Nordamerika zu befassen.

Während einer vierjährigen Untersuchung in Kanada westlich der Hudson Bay kam fast überhaupt keine Feindeinwirkung vor. Die gleichen Arten, die in Alaska und Nordeuropa Lemminge jagen, kamen vor, wenn auch in kleinen Beständen. Die einzige Ausnahme waren Hermeline (Krebs 1964). Der Feinddruck des amerikanischen Mauswiesels ist so stark, daß es eine Lemmingpopulation völlig reduzieren oder deren Wiederaufbau verzögern kann (Thompson 1955b, Maher 1970). Diese Wiesel gibt es bei Point Barrow auf den Tundren Alaskas den ganzen Winter, und da sie keine andere Beute haben, ist deren Feindeinwirkung auf die beiden dortigen Lemmingarten sehr groß. Die Situation ist also nicht mit der in Nordeuropa zu vergleichen.

In einem anderen Gebiet Kanadas wurde festgestellt, daß Rauhfußbussard, Sumpfohreule und Schnee-Eule eine große Rolle spielen und die Anzahl der Halsbandlemminge auf einer geringen Stufe halten (Shelford 1943). In Alaska konnten Schnee-Eulen und Spatelraubmöwen im Juli, nachdem die Brutperiode des Braunen Lemmings aufgehört hatte, den Bestand auf 1/6 des Vormonats reduzieren (Pitelka et al. 1955a, 1955b, Pitelka 1957).

Eine Schnee-Eulenfamilie in Kanada, die aus Eltern und 9 Jungen bestand, verzehrte in vier Monaten 1900 bis 2600 Lemminge, die alle in einem Umkreis von 1 bis 4 km^2 gefangen wurden, doch hatte dieser Verlust keine Auswirkung auf den Lemmingbestand (Watson 1957).

Auch wenn Raubtiere, Greifvögel und Eulen einem Lemmingbestand schlimm mitspielen können, so können sie allein keinen Populationszusammenbruch bei diesen Nagetieren hervorrufen. Darüber sind sich sehr viele Forscher einig (Elton 1942, Shelford 1943, Lack 1954a, Pitelka et al. 1955b, Chitty 1957, Frank 1957, Darling 1959, Curry-Lindahl 1961a, 1961b).

14.3. Andere ökologische Todesursachen

In den vorhergehenden Abschnitten wurden zu hohe Ausnutzung des Nahrungsvorrats bzw. Feinddruck als denkbare Ursachen oder Teilursachen für die Populationszusammenbrüche des Berglemmings diskutiert. Andere ökologische Sterblichkeitsfaktoren sind zum Beispiel Wetterkatastrophen. Regen und nachfolgendes Gefrieren im Spätherbst oder Winter kann die Lemminge von ihrer Nahrung ausschließen, den Nährwert der für die Art wichtigen Futterpflanzen verschlechtern. Auch durch Überschwemmung kann eine ganze Generation Junge vernichtet werden, da sie in ihren Nestern ertrinken. Wir haben früher (Seite 96) darauf hingewiesen, daß viele Lemminge bei extremen Hitzewellen im Sommer plötzlich sterben können. Dies wird für die Tiere gelten, die keine Abkühlung in unterirdischen Gangsystemen finden können. Andererseits wurde festgestellt, daß starke Kälte Berglemminge tötet, wenn diese im Winter auf die Erde gezwungen werden, da ihr Gangsystem von Tauwasser überschwemmt wurde. Hunger und dadurch verschlechterte Kondition sind in dieser Lage vermutlich die vorwiegenden Todesursachen. Ein Vielfraß wie der Lemming kann nicht lange ohne Nahrung sein.

Es geschieht in Lemmingjahren oft, daß wandernde Berglemminge in einigen Gebieten im Herbst in den Birkenwald- und Nadelwaldzonen verbleiben und dort Gangsysteme anlegen, worin sie verbleiben, obwohl der Platz ökologisch ungeeignet ist. Mitunter setzt Regen im Spätherbst das ganze Gebiet unter Wasser, und danach gefriert es, wodurch die Lemmingpopulation zum Untergang verurteilt ist. In anderen Jahren kann die Nahrung in einem solchen Winterquartier unzureichend oder wenig nahrungsreich sein, wodurch die Lemmingpopulation ganz oder teilweise umkommt. Die immer schwächer werdenden Tiere sind unter dem Schnee einem immer stärkeren Feinddruck der Wiesel ausgesetzt, was den Vernichtungsprozeß beschleunigt.

14.4. Epidemische Krankheiten

Unmittelbar nach dem Zusammenbruch einer Berglemmingpopulation habe ich im Juni/Juli überall auf dem Boden der Bergweiden eine große Anzahl toter Berglemminge finden können. Nimmt man sich die Zeit zum Suchen, findet man viele tot in Erdlöchern. In den Lappmarken in Åsele und Pite konnte ich 10 bis 15 tote Lemminge in einem Umkreis von 10—15 m feststellen. Die meisten dieser Lemminge waren ausgewachsene Tiere und anscheinend verletzt, ein Teil davon vermutlich von Eis- oder Rotfüchsen zerbissen aber nicht verzehrt. Leider hatten wir keine Möglichkeit für eine pathologische Untersuchung der Tiere. Augenscheinlich waren alle diese Lemminge im Verlauf weniger Tage verendet. Ähnliche Funde wurden in anderen Teilen des Gebirges gemacht, was einleitend auf Seite 96 berichtet wurde. Die Lemmingkadaver verschwinden indessen ziemlich schnell, vermutlich werden sie von Füchsen und Eisfüchsen auch verzehrt.

Wenn eine Lemmingpopulation im Winter unter dem Schnee zusammengebrochen ist, erwartet man, bei der Schneeschmelze massenweise gefrorene oder aufgetaute Lemmingkadaver zu finden. Dies geschieht jedoch niemals oder nur sehr selten. Möglicherweise beruht dies auf Kannibalismus, der im Spätwinter vom Braunen Lemming bekannt ist (siehe Seite 58).

Auf der Halbinsel Kola grassierten 1938, 1939 und 1942 Epizootien unter den Berglemmingen. Nasimovich et al. (1948) sind der Meinung, daß epidemische Krankheiten zum großen Teil die Ursache für den Kollaps von Lemmingpopulationen wie auch vieler anderer Kleinnagerpopulationen im gleichen Gebiet sind.

Tularämie (pasteurelle Tularämie) ist die Krankheit, die am häufigsten beim Berglemming zu finden ist (siehe Seite 96). Bereits 1912 wurde eine Krankheit des Berglemmings beschrieben (H o r n e 1912), von der später angenommen wurde, daß es sich um Tularämie handelt (G a r d n e r 1933).

Die im Kapitel über die Kulturgeschichte (Seite 9) genannten Jacob Z i e g l e r und Olaus W o r m i u s berichteten 1532 bzw. 1633, wie die Lemminge in Lemmingjahren Menschen mit einer Krankheit ansteckten, die Lemmingfieber genannt wurde; C o l l e t t (1895) berichtete gleiches. Neuerdings stellte T h j ö t t a (1930, 1931) fest, daß dieses „Lemmingfieber" beim Menschen Tularämie ist und daß die gleiche Krankheit auch bei Berglemmingen sowie Wühlmäusen und Hasen vorkommt. Später konnte O l i n (1938) beweisen, daß in einem Jahr, in dem die Krankheit epidemisch bei den Menschen auftrat, auch der Berglemming infiziert war.

Es ist noch nicht geklärt, in welchem Grad Tularämie oder andere Krankheiten völlig oder teilweise Ursache für die Populationszusammenbrüche des Berglemmings sind. E l t o n (1943), C h i t t y (1954) und andere Forscher sind der Ansicht, daß Krankheiten keinen Populationszusammenbruch verursachen können.

14.5. Streß und populationsregulierende Mechanismen

Die markante Intoleranz des Berglemmings, die in Lemmingjahren so vielfachen und starken Ausdruck findet, ist zweifellos ein guter Nährboden, auf dem durch gegenseitige Konkurrenz verschiedene Arten von Streß hervorgerufen werden. Besonders der Umstand, daß bei Übervölkerung viele Tiere keine Möglichkeit haben, Schutz zu finden, wird nicht nur zum Aufbruch zu einer Langwanderung beitragen, sondern auch zu beginnendem Streß, der sich in den Wochen und Monaten danach bei fortdauerndem Gedränge weiterentwickeln kann und für den Organismus eine so große Belastung darstellt, daß das Tier stirbt. Es ist noch unklar, wie dieser Prozeß im Detail verläuft, vieles deutet aber darauf hin, daß psychologische Faktoren physiologische und endokrine Veränderungen beim Berglemming hervorrufen, die ihrerseits zu Störungen führen. Die letzteren finden ihren Ausdruck in Streß-Symptomen (C u r r y - L i n d a h l 1963f). Bei anderen Kleinnagern (unter anderem dem Braunen Lemming) hat man in ähnlichen Situationen gesehen, wie sie plötzlich in Krämpfen starben, obwohl keine Anzeichen für Krankheiten zu finden waren (R a u s c h 1950, M a r s d e n 1964).

Die sozial-psychologischen Faktoren, die mit zunehmender Populationsdichte beim Berglemming Streß hervorrufen, können wahrscheinlich auch in anderen Formen zum Ausdruck kommen. Durch verschlechterte Kondition werden die Tiere für Krankheiten anfälliger, ihre Reproduktionsfähigkeit vermindert sich oder hört auf und die Jungtiere zeigen eine höhere Sterblichkeit als normal. Alle diese Fakten können zu einem Populationszusammenbruch beitragen.

Daß die Populationsdichte auf die Reproduktionskapazität Einfluß hat, wurde bei der Graurötelmaus und dem Berglemming festgestellt (K a l e l a 1957, 1961, 1971) wie auch bei einigen anderen Kleinnagern. Bei geringer Populationsdichte werden die Jungen früher geschlechtsreif und der Bestand reproduziert sich schneller. Je dichter die Population aber ist, desto eher hört sie auf sich zu vermehren, was für Tiere aller Altersstufen gilt. Dieses Phänomen kann auf hormonellen Veränderungen beruhen, die mit den physiologischen und endokrinen Störungen zusammenhängen, über die wir früher gesprochen haben.

Besonders C h r i s t i a n (1950, 1955a, 1955b, 1956, 1957, 1959, 1960, 1961, 1963), C h r i s t i a n und D a v i s (1955) und C h r i s t i a n und L e m u n y a n (1957) verbinden den physiologischen Hintergrund der Populationszusammenbrüche bei Kleinnagern mit dem endokrinen System und der Adrenalinproduktion. Diese Auffassung wurde teilweise durch Untersuchungen an Halsbandlemmingen bestätigt, die mehrere Parallelen mit dem Berglemming aufweisen (Q u a y 1960, C u r r y - L i n d a h l 1963f). Eine Schwäche sowohl bei C h r i s t i a n ' s als auch bei Q u a y ' s Studien ist, daß sie in Laboratorien ausgeführt wurden, wo die Umweltsituationen mit den natürlichen Verhältnissen überhaupt nicht übereinstimmen. Jedoch kann aggressives Verhalten und Streß ohne die physiologischen Fehlverhalten, die C h r i s t i a n fand, Bestandsverminderungen hervorrufen (C h i t t y 1952, 1957, 1960), wenn auch der Mechanismus, der den Prozeß verursacht, noch unbekannt ist. Das Resultat wird eine genetische „Qualitätsverschlechterung" der Population sein, die zu einem Zusammenbruch führt. K r e b s (1964) hat sich nach seinen 4jährigen Lemminguntersuchungen C h i t t y ' s Hypothese angeschlossen.

Sowohl die Steuerung der Reproduktionsfrequenz als auch die psychischphysiologischen Vorgänge, die wir hier berührt haben, können den Beweis für die selbstregulierenden Bestandsmechanismen des Berglemmings und anderer Nagetiere darstellen. Jedoch kam man in Alaska bei einer sechs Jahre währenden Untersuchung des dem Berglemming nahestehenden Braunen Lemmings zu einem anderen Ergebnis. Die zahlenmäßige Abnahme der Art soll dort auf einer reduzierten Produktivität der Vegetation beruhen, die ihrerseits klimabedingt ist (M u l l e n 1968). Die Daten der genannten Forscher können in verschiedener Weise ausgelegt werden und scheinen eine selbstregelnde Kontrolle der Lemmingpopulation nicht auszuschließen.

Diese letzte Theorie wurde in erster Linie von C h i t t y (1957, 1960, 1967) entwickelt, ausgehend von den Wühlmäusen, aber der Gedankengang hat auch für andere Kleinnager seine Richtigkeit und wurde auf die Tierpopulationen überhaupt angewendet.

14.6. Zusammenfassung

Das vorhergehende Unterkapitel hat Beispiele für die möglichen Ursachen gegeben, die gemeinsam das Zusammenbrechen von Berglemmingpopulationen hervorrufen können. Wir wissen noch nicht, ob es die Gesamtheit dieser, das Zusammenwirken einiger weniger oder nur eine einzige Ursache ist, die einen Populationszusammenbruch bewirkt. Möglicherweise sind alle drei Alternativen gültig, denn komplexe Situationen und Umstände variieren nicht nur in verschiedenen Gebieten, sondern auch von Jahr zu Jahr. Verblüffende Beobachtungen wie, daß eine Lemmingpopulation zusammenbricht, während eine Nachbarbevölkerung überlebt; daß in manchen Jahren Lemming, Waldwühlmäuse, Graurötelmäuse, Sumpfmäuse und Erdmäuse gleichzeitig kollabieren können, während es in anderen Jahren nur die Berglemminge tun, sprechen dafür, daß nicht immer die gleichen Ursachen einen schnellen Populationsrückgang bedingen.

Es ist oft schwer, die Grenzen zwischen äußeren (ökologischen) und inneren (physiologischen) Faktoren zu ziehen, die die Anzahl der Berglemminge beeinflußt, da diese Ursachen zusammenwirken. Auch wenn wir hier ein gewisses Gewicht auf die Auffassung gelegt haben, daß psychische Faktoren, ausgelöst durch eine Übervölkerung, physiologische Störungen, die beim Berglemming zu einem Bestandszusammenbruch führen, hervorgerufen, so sind es dennoch die äußeren Faktoren, die den Verlauf einleiten.

15. Ein Lemmingjahr in Skandinavien

Ein „Lemmingjahr" umfaßt gewöhnlich zwei Sommer oder Teile davon, mitunter kann es sich im gleichen Gebiet über drei Vegetationsperioden verteilen. Im ersten Sommer beginnt man zu ahnen, was in den folgenden zwei Jahren kommen wird. Betrachtet man Skandinavien und Finnland als eine Einheit, so beginnt das „Lemmingjahr" nicht zum gleichen Zeitpunkt. Ein Spitzenjahr der Berglemminge fängt gewöhnlich in den südlichen Berggegenden an, im nächsten Jahr hat es sich zu den Populationen im mittleren Skandinavien vorgeschoben und im dritten Jahr sind es die Lemminge im äußersten Norden, die eine Bevölkerungsexplosion erleben. Es gibt jedoch viele Ausnahmen von diesem Ablauf. Manchmal können die Lemmingjahre in großen Teilen der skandinavischen Gebirgskette synchron auftreten. Genauso wie die Verschiebung des Lemmingjahres von Süden nach Norden geht, kann sie sich von Westen nach Osten vollziehen.

1959 bis 1961 war eine Lemmingperiode im Norden. Wir wollen mit wenigen Worten davon berichten und sie als Beispiel für die Geographie des „Lemmingjahres" nehmen.

Bereits 1958 gab es in manchen Teilen Südnorwegens große Populationen, zum Beispiel in weiten Teilen von Valdres im Oppland, während in Gegenden wie Fokstua und Dovrefjäll, die in dem gleichen Fylke (Gau) liegen, die Lemminge erst in den Frühjahren 1959 bzw. 1960 zahlreich waren (M y r b e r g e t 1965).

1959 erstreckte sich das Lemmingjahr in Südnorwegen von Vest-Agder und Indre Rågaland im Süden bis Sør-Trøndelag im Norden (M y r b e r g e t 1965). Im Spätsommer und Herbst traten Berglemminge vom Grenzgebiet zwischen Dalarna und Härjedalen bis einschließlich dem südlichen Jämtland sowie stellenweise in Lappland bis hinauf nach Torne Lappmark auf. Später im Winter, als die durch die Schneedecke verborgene Tätigkeit der Berglemminge schwer zu beobachten und zu beurteilen war, wurden unter anderem in Lule und Torne Lappmarken Beobachtungen gemacht, die dort auf eine Frequenzzunahme deuteten. Diese blieb jedoch aus und dies trat auch in den südlichen Teilen der Gebirgskette ein, also in Härjedalen und im südlichen Jämtland. Dagegen ging die Tendenz zu einem Populationsausbruch in Mittel- und Südlappland sowie im nördlichen Jämtland weiter. In den Dala-Bergen fand man keine Anzeichen für das Vorkommen von Lemmingen.

Im Juni/Juli 1959 unternahm ich zwei Expeditionen nach Lappland. Im Juni die erste nach Lule Lappmark, wo Untersuchungen angestellt wurden am und um den See Peurare sowie in dessen Delta und den umliegenden Wäldern und Bergen, am westlichen Virihaure, im Laidaure Delta, bei Satisjaure und in Sjaunja. Die zweite Expedition im Juli ging in die Åsele, Lycksele und Pite Lappmarken, wo die Berge um den Kultsjö, Gardiken, Laisan, das obere Ume-Tal, das Vindel-Tal, Lais-Tal und Sädvajaure (Peljekajse Nationalpark), Rebnesjaure, Partaure, Vuoggatjålmejaure, Sildutjokk, Mavasjaure und Peskehaure untersucht wurden. Am zahlreichsten waren die Lemminge um Vuoggatjålmejaure und Sildutjokk in Pite Lappmark.

In Finnland wurden Lemminge in mehreren Gebieten beobachtet und die Vorkommen bei Karigasniemi und Kilpisjärvi eingehend von K a l e l a und seinen Mitarbeitern beschrieben.

Nach den Untersuchungen im Mai/Juni bzw. Juli/August 1960 in verschiedenen Gebirgsgegenden sowohl auf der norwegischen als auch auf der schwedischen Seite von der Eismeerküste an, der Varanger Halbinsel und Finnmark im Norden bis zur Grenze Jämtlands im Süden war es unmöglich, durch eigene Erfahrungen teils die Frequenz der Lemminge in verschiedenen Gegenden der Gebirgskette zu vergleichen und zu beurteilen, teils zu sehen, in welchem Ausmaß ein Lemmingmaximum auf die Umwelt einwirkt, d. h. sowohl auf Vegetation als auch Gebiete, in denen wir ein oder mehrere Jahre gearbeitet hatten, ohne daß sich dort Lemminge befanden, zum Beispiel im Jahr davor, wurden nun unter anderen Verhältnissen wieder besucht.

Über das Vorkommen des Berglemmings in Schweden im Sommer 1960 kann folgendes gesagt werden: In der östlichen Torne Lappmark war die Frequenz gering, obgleich die Art in vertikaler Richtung von den Flechtenheiden bis hinunter in die Nadelwaldzone verbreitet war. Örtlich traf man auf reichlichere Vorkommen, zum Beispiel bei Pälsa im nördlichen Teil der Torne Lappmark, auf den Hochebenen des Råstonselkä und Sautso sowie dem dazwischenliegenden Taavavuoma. Im Kebnekaise-Gebiet waren die Berglemminge stellenweise zahlreich, besonders auf den Südhängen hinunter zu Vistasvagge. In Lule Lappmark wurde der Berglemming Ende Juli hauptsächlich auf den höhergelegenen Plateaus angetroffen. Danach geriet die Art in Bewegung und wanderte hinunter in die Birkenwälder und das Nadelwaldgebiet, aber viele Lemminge wanderten auch aufwärts und wurden im Juli/August auf den Schneefeldern und Gipfelplateaus im Kaitum-Gebirge, Sarek-Gebirge und auf Tarrekaise gefunden.

Weiter südlich in der Gebirgskette begann der Abstieg auf die unteren Höhenlagen früher, meist im Juni. Letzteres war der Fall in Pite Lappmark, von wo aus der kleine Nager immer zahlreicher wurde, je weiter südlich man kam. In den Bergen westlich von Sildutjokk, d. h. am oberen Lauf des Skellefte Flusses, und westlich von Vuoggatjålme trat er sehr zahlreich auf. Dieses Gebiet schien im Juli die größte Anzahl Berglemminge zu beherbergen, auf jeden Fall traf man, außer in Norwegen, anderswo nicht auf ähnliche Konzentrationen. Auch das Tjidtjak-Gebiet wies ein reichliches Lemmingvorkommen auf. Hohe Populationsfrequenzen kamen indessen auf dem ganzen Weg südwärts in der Bergkette und dem angrenzenden Nadelwaldland vor, also in den Gegenden um den Lais-Fluß und Vindel mit dem Svaipagebiet und Tjålmejaure, in Marsivagge, im Tärna-Gebirge bis hinunter zum Gardikfors und Gardfjäll. In Lycksele Lappmark begann der Berglemming seine Wanderung in den Nadelwald bereits im Mai, was zum Beispiel der Fall im Vindeltal war. In Åsele Lappmark kam er in ähnlichen hohen Populationsfrequenzen um den Fättjaure und Kittelfjäll hinunter nach Dikanäs sowie um Marsfjället hinunter zum Gittsfjället und auf den gewaltigen Plateaus des Slengajaureh hinunter zur Jämtlandsgrenze vor. Soweit gründet sich das Verbreitungsbild auf eigene Erfahrungen und Beobachtungen.

Weiter südlich wird die Situation von erhaltenen Berichten komplettiert, die von reichlichem Vorkommen an Berglemmingen im nordwestlichen Jämtland und stellenweisem Vorkommen in zwei isolierten Gebieten berichten: einem großen in den Sösjö- und Oldbergen und einem kleinen beim Indals-Fluß in Åreskutan. In der Gegend von Storlien wurde erst im September/Oktober eine unbedeutende Zunahme vermerkt. Von Härjedalen und Dalarna gaben alle Berichterstatter, mit denen ich Verbindung hatte, negative Angaben: keine oder wenige Berglemminge wurden 1960 dort bemerkt, was also eine bedeutende Verminderung gegen 1959 bedeutete.

Dieses Bild von der Verbreitung des Berglemmings und seiner Frequenz in den Jahren 1959/1960 stimmt überraschend gut mit der Situation 1941/1942 überein (R e n d a h l 1942).

In Norwegen wurde festgestellt, daß die Tundren an der Eismeerküste wenige oder keine Lemminge beherbergten. Erst hinunter nach Nordland zeigten sich Tiere in größerer Anzahl, also eine Parallele zu dem Vorkommen auf der schwedischen Seite. In der Gebirgsgegend um Setertind wurden die Lemminge immer zahlreicher und erreichten bei Graddis die absolute Frequenzspitze der von mir 1960 untersuchten Gebiete. Graddis liegt in der Nähe der schwedischen Grenze westlich des obengenannten hochfrequentierten Lemminggebietes beim Sildutjokk in Schweden. Längs der ganzen

Bergstrecke von Junkertal hinunter nach Umbukta, also westlich von Pite und Lycksele Lappmarken, gab es viele Berglemminge.

Weiter südlich hatte ich keine Möglichkeit, auf der norwegischen Seite die Lemminge zu untersuchen, weshalb die Angaben für dieses Gebiet auf Mitteilungen von Dr. Yngvar H a g e n, Chef für Statens Wiltundersøkelser, beruhen. Seine Angaben deuten auf eine hohe Frequenzspitze 1959 im südlichen Norwegen (südlich von Trondheim) hin, die im ersten Halbjahr 1960 einen Rückgang aufwies und dann zusammenbrach. Im Dovrekomplex verlief diese Entwicklung jedoch langsamer. Nördlich des Trondheimfjords kam es erst im Herbst 1960 zu einem Höhepunkt, obwohl Lofoten und Vesterålen die gleiche Situation wie in Südnorwegen aufwiesen. Die südliche Grenze für den Höhepunkt 1959/1960 in Norwegen waren die Berggegenden um das Setes-Tal, ungefähr um den 59° nördlicher Breite. Auf den Hardangervidda kamen Berglemminge bis zum Juli vor (M y r b e r g e t 1965).

Von Finnland berichtete Prof. Olavi K a l e l a von stellenweise ziemlich reichlichem Berglemmingbestand. Der Schwerpunkt für das Auftreten der Art lag in den Utsjoki und Enontekiö Gemeinden, also im nördlichen Finnland. Dort kam es sowohl 1959 als auch 1960 zu Wanderungen. Nach der Lemmingfrequenz in Enontekiö zu urteilen, die ich längs dem Könkäma-Tal 1960 flüchtig untersuchte, stimmte die Situation gut mit der überein, die zum Beispiel auf dem Råstonselkä auf der schwedischen Seite herrschte, d. h. eine wenig markante Populationsspitze im Vergleich mit dem Höhepunkt in Pite Lappmark und südlich davon.

Bereits 1960 verminderten sich die Lemmingvorkommen in Teilen Norwegens, Schwedens und Finnlands, doch 1961 war das Jahr des plötzlichen Zusammenbruchs, bei dem die Populationen in vielen Gegenden sehr schnell durch fast totale Vernichtung verschwanden. Dieser Kollaps traf sowohl oberhalb als unterhalb der Baumgrenze ein.

In Schweden kamen Berglemminge im Frühjahr 1961 stellenweise in ziemlich reichlichen Beständen in Lappland von den Torne bis Åsele Lappmarken vor, während die südlichsten Berggegenden fast völlig lemmingfrei waren. Ende Mai war die Art in einem weitgestreckten Gebiet ungefähr vom Polarkreis bis Lycksele Lappmark am zahlreichsten. Wieder trafen wir in Pite Lappmark auf die dichtesten Bestände. Sie kamen dort noch im Juni vor, als die Stämme in mehreren anderen Gebieten Lapplands bereits zusammengebrochen waren oder deren starke und schnelle Abnahme begonnen hatte. Das Svaipagebiet, zwischen den Flüssen Lais und Vindel, hatte zum Beispiel Anfang Juni einen starken Bestand, aber dieser verminderte sich allmählich, so daß man einen Monat später nur einige vereinzelte lebende Lemminge sehen konnte; dagegen fand man viele tote (Seite 100). Im Juni hatte die Fortpflanzung aufgehört, und praktisch im ganzen kontrollierten Gebiet Lapplands begannen die Stämme sichtbar kleiner zu werden. Im Weidengürtel auf den Hängen des Stuor Jerva bis hinunter zum Ikesjaure befanden sich in der zweiten Junihälfte noch immer ziemlich viel Lemminge, aber zwei Wochen später waren auch diese Tiere völlig verschwunden. Auch hier fand man viele Kadaver.

Im Juli war der Lemmingbestand scheinbar fast im ganzen Lappland verebbt.

So verlief also die Lemmingperiode 1959 bis 1961 in Norwegen, Schweden und Finnland ziemlich synchron. Sie begann im südlichen Norwegen, wo sie auch zuerst endete. Der südliche Teil der Halbinsel Kola hatte dagegen 1957 bis 1958 eine Massenreproduktion von Berglemmingen, die 1959 verebbte (Koshkina und Khalansky 1960). Darüber hinaus verläuft bei den Lemmingen der Halbinsel Kola die Frequenzwellenbewegung von Südwesten nach Nordosten.

Die Frequenz des Berglemmings in der skandinavischen Gebirgskette war im Spitzenjahr 1960 in verschiedenen Gegenden unterschiedlich. Dies bestätigt erneut, daß ein das ganze Verbreitungsgebiet umfassendes Populationsmaximum ungewöhnlich ist. Diese Tatsache gibt gewisse Anhaltspunkte für die Annahme, daß Lemmingpopulationen periodisch explodieren.

1960 kamen die Berglemminge im Mai in Bewegung, stellenweise bereits im April, offensichtlich nachdem der erste Wurf (oder die ersten Würfe) unter der Schneedecke geboren waren. Schneeschmelze bewirkte, daß die Tiere sich zahlreich auf der Schneedecke sowohl im Birkengürtel als auch im Nadelwald unterhalb des Gebirges zu zeigen begannen.

Zur gleichen Zeit, als die Berglemminge im Mai 1960 in Bewegung kamen und eine Auswanderung nach unten begannen, blieb ein großer Teil der Populationen im Gebirge. Unten im Waldland sanken die Bestandsziffern Ende Mai, möglicherweise aufgrund einer Verbreitung oder weiteren Wanderung in neue Gebiete. Im Juni/Juli stieg die Frequenzkurve wieder aufgrund von Fortpflanzung bzw. Auffüllen von höhergelegenen Gebieten her. Gleichzeitig mit diesen Bestandsschwankungen auf den niedrigeren Höhenlagen kam es oben auf den Bergheiden stellenweise zu einer weiteren Zunahme. So zeichneten sich die Berglemmingpopulationen in dieser Zeit durch große Bewegungen sowohl in vertikaler als auch horizontaler Richtung aus, doch darf dieser Umstand nicht mit dem verwechselt werden, was man im allgemeinen mit „Wanderungen des Berglemmings" meint.

15.1. Andere Kleinnager in der gleichen Gebirgsgegend 1960

Offensichtlich war 1960 in Lappland nicht nur für die Berglemminge, sondern auch für andere Kleinnagerarten ein gutes Jahr. In den höheren Regionen von Torne Lappmark merkte man im Mai/Juni nicht viel davon, obwohl man mehrere Wühlmausarten antraf, im Juli gab es jedoch an einigen Plätzen mehr Polarrötelmäuse als normal. In Lule Lappmark kam die Graurötelmaus reichlich auf den Bergheiden und in der Weidenzone vor, während die Erdmaus in ganz Lappland in den niedrigeren Höhenlagen ziemlich häufig war. Besonders zahlreich war diese Art in den kultivierten Gebieten der Lappmarken Lyckseles und Åseles wie auch hier und dort in anderen Biotopen. Am Kittelfjäll traten die Erdmäuse in enormen Mengen auf, und ich habe nirgends eine derartig erstaunliche Konzentration von Kleinnagern gesehen. Die Tiere liefen einem, wo man auch ging, förmlich unter die Füße, man trat unaufhörlich in Nester, und ein Hund konnte in wenigen Minuten Dutzende Erdmäuse töten. Die Sumpfmaus wurde auch an mehreren Plätzen gesehen, vor allem in den Torne und Lule Lappmarken, wie auch die Waldwühlmaus örtlich gut vertreten war.

Der Waldlemming schien auch eine große Population zu haben. Außerhalb seines zentralen Verbreitungsgebietes trafen wir auf ihn 1960 in Lappland unter anderem bei Vilhelmina, Dikanäs und südlich von Sorsele.

16. Das Verhältnis des Berglemmings zu Raubtieren, Greifvögeln und Eulen

Der Berglemming als Beutetier von Raubtieren und Greifvögeln wurde auf Seite 98 f. im Zusammenhang mit dem Feinddruck als zu den Populationszusammenbrüchen der Art beitragendem Faktor diskutiert. Dort wurde auch erwähnt, daß Raubtiere, Greifvögel sowie Eulen in Lemmingjahren nicht immer eine außergewöhnlich größere Reproduktion aufweisen, was früher angenommen wurde.

Es ist offensichtlich, daß das periodische Massenvorkommen des Lemmings wie auch einiger anderer Nagetiere eine große Rolle für die Ökonomie und Ökologie vieler seiner Feinde spielt. Mehrere Greifvögel und Eulen im Gebirge haben sich auf Kleinnager als Beute spezialisiert. Dies gilt für Arten wie Turmfalke, Kornweihe, Rauhfußbussard, Schnee-Eule, Uhu, Sumpfohreule und Sperbereule. Wenn der Berglemming die Nadelwälder erreicht, wird er auch von Rauhfußkauz, Bartkauz und Habichtskauz erbeutet. Auch Arten wie Merlin, Gerfalke und Steinadler können gelegentlich Lemminge jagen und tun das vermutlich in größerem Umfang, als man bis jetzt vermutete. Der Gerfalke wird wahrscheinlich zeitweise ganz auf Lemmingnahrung übergehen. Andere Vögel, die Lemminge jagen, sind Falkenraubmöwe, Silbermöwe, Sturmmöwe, Raubwürger, Kolkrabe und die Nebelkrähe.

1960 und 1961 sahen wir relativ viele Gerfalken, die Berglemminge in der Flechtenzone und im Weidengürtel jagten, wobei sie sich ungefähr der gleichen Jagdtechnik wie die Kornweihe bedienten; sie patroullierten auf niedrigen Höhen über den Heiden. Der Turmfalke ist ein Nagetierspezialist, der in Lemmingjahren seine vertikale Verbreitung wesentlich erweitert. Er kann dann allgemein in der Flechtenzone auftreten, wo man ihn in Jahren mit wenig Nagetieren niemals sieht. Der Rauhfußbussard hat in Spitzenjahren der Nagetiere bis zu fünf Junge, die er auch aufziehen kann, aber wie auf Seite 99 gesagt, scheint diese Art nicht immer auf den Nahrungsüberfluß in Lemmingjahren mit zahlreicher Brut zu antworten. Im übrigen habe ich das Empfinden, daß Rauhfußbussard und Kornweihe trotz vieler Lemminge die Graurötelmaus vorziehen (Curry-Lindahl 1961b). Das gleiche gilt für Schnee-Eule, Falkenraubmöwe und Silbermöwe.

Die Falkenraubmöwe hat sich so den Massenjahren des Berglemmings und der Graurötelmaus auf den Bergheiden angepaßt, daß sie in der Regel nur in solchen Jahren brütet. Die Art kommt jedes Frühjahr in die nordischen Bergheiden und hält sich dort im Juni/Juli eine Zeitlang auf. Wenn der Nahrungsvorrat unzureichend ist, kommt es nicht zur Brut, oder diese wird nicht zu Ende geführt, und die Nester mit Eiern werden verlassen (Curry-Lindahl 1958b, 1963d). Der Vogel ernährt sich dann von Insekten, die er auf den Schneefeldern findet, oder von Pflanzen wie der Krähenbeere.

Die Silbermöwe ist in die schwedischen Gebirge neu eingewandert. 1960 und 1961 trug das gute Lemmingvorkommen zweifellos dazu bei, daß diese Großmöwe stellenweise in einer noch nie gesehenen Zahl in diesen Bergen auftrat, wo sie Lemminge und Graurötelmäuse jagte. Diese Vögel waren dabei geschickter als die Sturmmöwe, die seit langem öfter in den Bergen vorkommt. Die Sturmmöwen mußten sich oft mit den Lemmingresten begnügen, die von den anderen Tieren übriggelassen wurden.

Die Schnee-Eule hat sich in noch größerem Maße als die Falkenraubmöwe auf das Vorkommen von Kleinnagern spezialisiert. Sie brütet in den fennoskandinavischen Bergen nur in den Jahren, in denen Berglemminge und Wühlmäuse reichlich vorkommen. In den Zwischenperioden fehlt die Art im Norden und hält sich wahrscheinlich auf den Tundren Asiens und Nordamerikas auf, wo Nagetiere reichlich vorkommen. Die Schnee-Eule ist somit ein zirkumpolarer Vagabund. Aber selbst wenn sie wahrscheinlich synchron mit den Vorkommen von Nagetieren mal im Westen und mal im Osten brütet, so brütet sie in manchen Jahren, vielleicht sogar in einer Reihe vieler Jahre, vermutlich überhaupt nicht. 15 Jahre können zwischen den Bruten der Schnee-Eule im Norden verstreichen. Dies geschah in Schweden 1945 bis 1960.

Die Nistplätze der Schnee-Eule auf den Heiden und Moränenhügeln der Flechtenzone zeichnen sich oft durch eine reichliche Grasvegetation aus, vermutlich durch jahrhundertelanges Düngen der Umgebung mit Fraß- und Kotresten der Eulen. Die äußere Schicht in diesen Haufen ist stark mit Speiballen vermengt und der darunterliegende Torf gut vermodert und fest. L. Faxén (1951) hat in Härjedalen einen solchen Nesthaufen gemessen, wobei er folgende Werte erhielt: 5 m lang, 4 m breit und 6 m dick. An einigen Stellen stehen solche Hügel relativ dicht, wie zum Beispiel auf dem Daimanplateau im nördlichen Jämtland (Curry-Lindahl 1948). Dort liegen die Nester nur 200—300 m voneinander entfernt, doch ist ungewiß, ob sie gleichzeitig verwendet werden. In den schwedischen Bergen wurde gleichzeitiges Brüten in zwei Nestern festgestellt, die in einem Abstand von 1 km standen, in Norwegen war der Abstand zwischen den Nestern in mehreren Fällen 1,2 km. G. Edin (1963) hat auf einem Brutplatz in Pite Lappmark 20 Schnee-Eulen gleichzeitig gesehen, aber alle müssen nicht gebrütet haben, denn wie auch in Alaska treten oft zwischen reviertreuen Paaren einzelne Schnee-Eulen auf.

Wenn man in Zukunft die Schichtenfolge und Knochenfragmente in den Nesthügeln der Schnee-Eulen datieren könnte, wird man vielleicht die Periodizität der Lemmingjahre Tausende von Jahren zurück rekonstruieren können, von der Periode an, als sowohl Berglemming und auch Schnee-Eule, der Eiszeit folgend, die nordischen Tundren wieder kolonisierten.

Das Hochplateau Råstonselkä in der Torne Lappmark, wo wir im Lemmingjahr 1960 feststellten, daß die Schnee-Eule dort brütete, scheint früher eine Art Hochburg der Art gewesen zu sein, was auf früheres Lemmingvorkommen hinweist. 1907 sammelte eine einzige Familie, die in Saarikoski unterhalb des Råstonselkä wohnte, ungefähr 800 Schnee-Euleneier von über 100 Nestern (S u o m a l a i n e n 1912). Stellenweise liegen auf dem Råstonselkä die Nesthügel von Schnee-Eulen wahrscheinlich genau so dicht beieinander wie auf dem Daimanplateau in Jämtland. Man findet sie auch auf dem Luottolako in Sareks Nationalpark in der Lule Lappmark. Hier vermutet man Kolonien brütender Schnee-Eulen und Berglemminge in enormer Anzahl!

Die Sumpfohreule vermehrt sich in Lemmingjahren stark und kann dann in der Flechtenzone brüten, wo man sie sonst nicht zu sehen bekommt. Auf der Hochebene Sautso in der Torne Lappmark fand ich 1960 in einem begrenzten Gebiet mindestens sieben brütende Paare in der Flechtenzone (C u r r y - L i n d a h l 1963e).

Die Sperbereule brütete 1960 und 1961 in den oberen Teilen der Birkenwaldregion in Gegenden, in denen ich bei früheren Untersuchungen diese Art niemals gesehen hatte. Das bedeutet, daß sie vom Vorkommen der Berglemminge dorthin gelockt wurde.

Auf den weitgestreckten Dalovardo-Mooren im oberen Vindel-Tal war die Nebelkrähe ein ausgeprägter Verfolger des Berglemmings. Bereits 1944 hatten wir die Nebelkrähe dort fern von menschlichen Ansiedlungen angetroffen. Es ist nicht unmöglich, daß das reichliche Vorkommen von Lemmingen 1941 und 1942 die Ansiedlung der Nebelkrähe auf dem obersten Birkenwaldgürtel bewirkt hatte und daß der Vogel dann dort geblieben war.

Auf der Halbinsel Kola kann die Elster in manchen Jahren sehr gut von Berglemmingen leben (K o s h k i n a und K h a l a n s k y 1962).

Unter den Säugetieren haben wir bereits das Hermelin und das Mauswiesel genannt, die sich im höchsten Grad auf Kleinnager spezialisiert haben. In Lemmingjahren, wenn sich die Berglemminge hinunter in die Birken- und Nadelwaldregionen ausbreiten, können beide Wieselarten ungewöhnlich große Würfe bekommen. Das Hermelin kann große Vorräte toter Lemminge anlegen.

Von den größeren Säugetieren ist der Eisfuchs die Art, die vor allen Dingen auf den Bergheiden lebt und hier am meisten auf Kleinnager angewiesen ist, besonders auf Berglemming und Graurötelmaus. In Nagetierjahren können die Würfe des Eisfuchses bis zu 13 Junge enthalten (in Kanada sogar 14), während sie in normalen Jahren aus 2 bis 8 Jungen bestehen. Soweit ich in den letzten 30 Jahren feststellen konnte, jungt der Eisfuchs in Schweden oft überhaupt nicht, wenn es nur wenige Nagetiere in den Bergen gibt.

Der Rotfuchs ist in den letzten 30 Jahren in den nordischen Bergen immer gewöhnlicher geworden und hat dadurch den Feinddruck auf den Berglemming verstärkt, den er in Spitzenjahren fleißig mit bejagt.

Wie in einem früheren Abschnitt bereits erwähnt wurde, jagt auch der Wolf Berglemminge, und selbst Bär, Vielfraß und Luchs essen in manchen Jahren von dem Überfluß an Lemmingen.

Was beim Einfluß der Lemminge auf ihre Feinde am meisten fasziniert, ist nicht, daß diese in Lemmingjahren ungewöhnlich große Würfe aufziehen, sondern daß sie viel häufiger sind als in Jahren mit geringem Vorkommen an Nagetieren. Dies gilt in erster Linie für die beweglichen Vögel, doch die Frage ist, wo halten sich alle diese Turmfalken, Rauhfußbussarde, Sumpfohreulen und Raubwürger in Normaljahren auf. Wenn sie dann in den Nadelwäldern Zuhause sind, wie erfahren so viele von ihnen vom Nahrungsüberfluß auf den Bergheiden? Und wie können Kolkrabe und Uhu, die im März ihre Eier legen, bereits dann so ungewöhnlich viele Eier produzieren, wenn doch die ausgebrüteten Jungen später nur aufgrund des reichen Nagetiervorkommens aufgezogen werden können, das dann noch unter der Schneedecke lebt?

Die Antwort ist möglicherweise, daß sowohl Raubtiere als auch Vögel bereits im Jahr vor einem Lemmingjahr von dem steigenden Populationsniveau der Beuteart beeinflußt werden.

Da die Feindtiere in der Regel in einem Lemmingjahr stark zunehmen, führt eine plötzliche Populationsabnahme des Beutetieres oft zu einer schwierigen Situation für viele Raubtiere, Greifvögel und Eulen. Dies kann zu Populationszusammenbrüchen auch bei den Feindtieren führen, wenn keine andere Beuteart außer dem Lemming vorhanden ist. In eine beschwerliche Lage geraten in solchen Situationen Eisfüchse und Mauswiesel. Die Schnee-Eule, die eine enorme Population aufgebaut haben kann, muß auswandern und weicht in südlichere Gebiete aus, unter deren ungewohnten Bedingungen der größte Teil der Vögel umkommt. In Nordamerika folgen beinahe jedem Lemmingjahr große Schnee-Eulen-Invasionen in die USA.

17. Die Periodizität des Berglemmings

Die Periodizität der Frequenzschwankungen des Berglemmings ist noch ungeklärt. Das gleiche Phänomen, aber mit wechselndem Rhythmus, tritt bei vielen anderen Tierarten auf, vor allem aber bei Nagetieren. Es ist ein Problem, an dem die Forschung seit langem arbeitet. Unzählige Theorien wurden im Lauf der Zeit aufgestellt. So wurde zum Beispiel der Zyklus des Mondes als eine Erklärung unter anderem für die Periodizität des Lemmings in die Diskussionen aufgenommen (Siivonen und Koskimies (1955). Die Antwort wird nicht einfach sein, denn wahrscheinlich tragen eine Reihe Faktoren zu den Eigentümlichkeiten des Berglemmings und anderer Nagetiere bei, die seit langem die Forscher verwirren.

Es würde zu weit führen, hier alle Hypothesen zu diskutieren und aufzuzählen, die bezüglich der Periodizität des Lemmings mit 3- bis 4jährigen Zyklen aufgestellt wurden. Der gleiche 3- bis 4-jahresrhythmus zeichnet den Amerikanischen Lemming (*Lemmus sibiricus trimucronatus*) aus, dessen

Schwankungen in erster Linie durch Nahrungsknappheit hervorgerufen werden sollen (B e e und H a l l 1956, P i t e l k a 1957, 1959). Diese Phänomene beschäftigen zur Zeit viele Wissenschaftler und sind der Anlaß einer umfangreichen Literatur.

Es muß auf die Diskussion hingewiesen werden, die in Finnland bezüglich des Durchschnittszyklus der Frequenzschwankungen des Berglemmings geführt wurde. Während K a l e l a (1949) der Meinung ist, daß der durchschnittliche Zyklus 4jährig (3,8) ist, vertritt S i i v o n e n (1950) die Ansicht, daß die Periodizität eher 3jährig ist (3,3). P a l m g r e n (1949) neigt dagegen zu der Ansicht, daß kurzperiodische Frequenzschwankungen mehr zufällig eintreffen. E l t o n (1942) hatte früher angegeben, daß der Zyklus exakt 4 Jahre beträgt, während H a g e n (1953) anhand norwegischen Materials zu 3,46 Jahren kommt; für Kleinnager in Norwegen 3,67 Jahre und im nördlichen Teil des Landes 3,85 Jahre (W i l d h a g e n 1952), während Norwegen im ganzen einen Durchschnitt von 3,75 hatte (H a g e n 1953). Für die Zeit von 1578 bis 1949 in Norwegen hat W i n g (1957, 1961) einen Durchschnittszyklus von 3,86 Jahren errechnet. Für die Periode 1948 bis 1960 hat M y r b e r g e t (1965) in verschiedenen Teilen Norwegens eine Periodenlänge festgestellt, die zwischen 2 und 6 Jahren schwankt.

Zwischen 1942 und 1960 kam in Schweden kein ausgeprägtes Lemmingmaximum vor, also eine Unterbrechung im „Lemmingjahrrhythmus" von 18 Jahren. Alle älteren Angaben in Norwegen, Schweden und Finnland deuten darauf hin, daß die Lemmingjahre früher mit einer ausgeprägten Periodizität in Intervallen von 3,5 bis 4 Jahren auftraten. Zieht man den Frequenzrhythmus des Berglemmings der ganzen nordischen Bergkette in Betracht, so ist offensichtlich, daß die regelmäßige Periodizität der Art mit Massenauftreten ungefähr jedes dritte bis vierte Jahr in größeren Teilen der Berge seit dem „Lemmingjahr" 1941/1942 unterbrochen ist. Die Jahre 1945/1946, 1950 sowie nach mehreren Berichten zu urteilen auch 1953, waren partielle Lemmingjahre mit Frequenzspitzen in Härjedalens und Jämtlands Gebirgsgegenden, während in Lappland außer einer kleinen Zunahme 1950 (C u r r y - L i n d a h l 1959b) von 1942 bis 1960 nichts geschah. So blieb also trotz allem der periodische Zyklus des Berglemmings bestehen, obwohl die Frequenzspitzen bedeutend schwächer als früher waren. Man fragt sich auch, ob die früheren Lemmingjahre immer eine allgemeine Frequenzzunahme in der ganzen skandinavischen Gebirgskette aufwiesen. Dazu kommt, daß nicht einmal das Eruptionsjahr 1941/1942, das in der Literatur als „totales Lemmingjahr" betrachtet wird, in Wirklichkeit ein solches gewesen zu sein scheint bzw. frequenzmäßig mit früheren Lemmingjahren nicht verglichen werden kann. Selbst ich konnte 1941/1942 nicht in die Berge und bin völlig auf Angaben anderer angewiesen. R e n d a h l (1942) hat in einer Arbeit Berichte über das Vorkommen des Berglemmings im Massenjahr 1941/1942 zusammengestellt, welche deutlich zeigen, daß die Eruption in dem genannten Jahr in der schwedischen Gebirgskette in den einzelnen Gebieten sehr unterschiedliche Frequenzen aufwies. Alles deutet jedoch darauf hin, daß der Berglemming praktisch in seinem ganzen schwedischen Ausbreitungsgebiet in einem der beiden Jahre 1941/1942 eine Zunahme aufwies, so daß man die genannte Periode mit Recht als „Lemmingjahr" bezeichnen kann.

Wie es sich in Finnland und Norwegen verhielt, wurde von S i i v o n e n (1948, 1950, 1954) und K a l e l a (1949, 1951) bzw. von W i l d h a g e n (1949, 1952, 1953) und H a g e n (1953, 1956) berichtet. Die Frequenzspitzen in Norwegen sind in fast allen Fällen gleichzeitig mit den schwedischen in den Jahren 1941/1942, 1944/1945, 1948 bis 1950 und 1952/1953 aufgetreten. Zum Unterschied zu Schweden waren die norwegischen Lemmingmaxima 1944/1945 bzw. 1948/1949 nach den genannten Verfassern in ihrer Ausbreitung und Quantität kaum geringer als die Frequenzeruption 1941/1942.

Nach dem Lemmingjahr 1960/1961 waren 1963/1964 und 1969/1970 ausgeprägte Spitzenjahre im Norden, während 1966 in Schweden ein „partielles Lemmingjahr" war.

In Norwegen zeigt die Lederwarenstatistik, daß die Populationsschwankungen von Eisfuchs und Mauswiesel eng den Frequenzkurven des Berglemmings folgen. Genauso ist das Verhältnis für Eisfuchs und Lemming in Kanada.

William C a b o t s (1912) Beschreibung der Veränderung, die in Labrador nach einem Nagetierzusammenbruch 1906 vor sich ging, ist es wert, wiedergegeben zu werden. Er sagt, daß nur ein Brand den gleichen Effekt auf die Lebensverhältnisse und Schicksale von den Menschen bis zu den Fischen haben könne, wie das Verschwinden der Kleinnager. Das Land verarmt, sowohl Tiere als auch Menschen müssen ihre Lebensweise ändern. Greifvögel und Wölfe werden gezwungen, Schneehühner bzw. Rentiere zu jagen.

Als Kontrast zu der öden lemmingleeren Landschaft, die C a b o t schilderte, ist es angebracht, Erik R o s e n b e r g s (1963) Eindruck des Lemmingjahres 1938 um den Vittangijärvi in Lappland zu stellen: „Es prasselte und quietschte überall wo man ging, im Wald, auf den Mooren und der Heide, die bunten Lemminge liefen überall herum, machten Halt und Front, explodierten vor Wut. — Natürlich war 1938 ein Spitzenjahr für Eulen und kleinnagerjagende Greifvögel, Raubwürger und Falkenraubmöwen. Wohin man auch in diesen Tagen sah, konnte man diese prachtvollen Vögel über Moore und Heiden schweben oder in der Luft stillstehen sehen, über Wälder und Berge stiegen sie auf. Bei Wanderungen über die kahlen Weiten wurde man ständig von sich kabbelnden Falkenraubmöwen verfolgt, ein Paar löste das andere jeden halben oder ganzen Kilometer ab, und genauso war es mit den miauenden Rauhfußbussarden im Wald und in Schluchtenterrains, nachts hörte man den dumpfen Schall der Sumpfohreule fast überall, dies gehörte nun zu der lappländischen Nachtstille wie das Plätschern der Stromschnellen."

17.1. Lemmingstatistik in Fennoskandien und anderen Gebieten

Im Baker Lake-Distrikt in Kanada begann man 1959 eine Lemmingeruption *(Lemmus sibiricus trimucronatus)* zu ahnen, der eine enorme Populationszunahme im Winter 1959/1960 mit einer weiteren Zunahme im Sommer 1960 folgte, worauf 1961 ein Zusammenbruch kam (K r e b s 1964). Diese Zeitfolge entspricht exakt dem, was in Fennoskandien für den Berglemming im gleichen Jahr eintraf. Alaska hatte 1960 ein Lemmingmaximum (die gleiche Art wie in Kanada), das bereits im gleichen Spätsommer in eine Abnahme umschlug. Gemäß einer Mitteilung von Prof. A. G. B a n n i k o v (C u r r y - L i n d a h l 1961b), hatten auch die Lemminge *(L. s. sibiricus)* in Sibirien und der europäischen SU 1960 ein Spitzenjahr, aber auf der Halbinsel Kola erreichte der Berglemming (also die gleiche Art wie in Finnland und Skandinavien) sein Maximum 1957/1958 mit einem Zusammenbruch 1959 (K o s h k i n a und K h a l a n s k y 1960).

Folglich hatten alle Lemmingarten von Nordeuropa bis Nordamerika außer dem Berglemming auf der Halbinsel Kola sowohl einen gleichzeitigen Höhepunkt als auch Zusammenbruch. Waren die Ursachen dieser verblüffenden Übereinstimmung die gleichen oder war es Zufall, daß die Populationsausbrüche und -zusammenbrüche gleichzeitig eintrafen?

Bevor wir versuchen, dies im nächsten Abschnitt zu beantworten, sind Statistiken über die Maxima der Berglemminge bzw. anderer Kleinnager in verschiedenen Gegenden innerhalb des Ausbreitungsgebietes der jeweiligen Gruppe zu vergleichen. Die Tabelle erfordert einige Kommentare. Es ist vielleicht verwirrend, daß sich die Lemminghöhepunkte in Norwegen von 1947 bis 1963 über drei Jahre erstrecken, anstelle von den früheren ein oder zwei Jahren. Dies beruht darauf, daß man in der Statistik auf ausgeprägte Spitzenjahre im südlichen, mittleren und nördlichen Norwegen Rücksicht genommen hat. Die Spitzenjahre verschieben sich innerhalb einer Dreijahres-Periode von Südwest nach Nordost. Die Situation zum Beispiel auf den Hardanger-Weiten zeigt die Regelmäßigkeit einer Population. Dort traten die Spitzenjahre 1944, 1948, 1952, 1956, 1959 (M y r b e r g e t 1965) sowie 1963, 1966 und 1970 ein. Die vielen Lücken in der Spalte für die Halbinsel Kola beruhen auf dem Mangel an Angaben. Das gleiche gilt für die Wühlmäuse in Schweden, diese Angaben sind eigene Daten aus dem Gebirge und den angrenzenden Nadelwäldern.

Wie aus der Tabelle ersichtlich, ist die Übereinstimmung der Maxima beim Berglemming bzw. den Wühlmäusen in Finnland und Skandinavien ziemlich genau und stimmt außerdem leidlich mit der Periodizität des Berglemmings auf der Halbinsel Kola überein. Die markante Übereinstimmung der Kleinnager-Schwankungen in Finnland und Skandinavien wurde früher von K a l e l a (1962b) und T a s t und K a l e l a (1971) hervorgehoben und kommentiert.

Bei Point Barrow im nördlichen Alaska hatte der Braune Lemming 1946, 1949, 1953, 1956, 1960 und 1965 Spitzenjahre (R a u s c h 1950, T h o m p s o n 1955a, P i t e l k a 1957, 1958, 1972, M u l l e n briefl. 1968, M a h e r briefl. 1970). Diese Periodizität stimmt gut mit der für die Berglemminge in Europa überein. Leider ist es mir nicht gelungen, eindeutige Angaben über den Sibirischen Lemming zu erhalten.

Jedoch ist die synchrone Lemmingperiodizität Europa—Alaska nicht so

Populationsmaxima des Berglemmings bzw. der Wühlmäuse von 1900 bis 1978. Jahreszahlen in Klammern bezeichnen „Partielle Lemmingjahre", in denen die Art nur örtlich Höhepunkte erreichte

Berglemming				Wühlmäuse		
Norwegen	Schweden	Finnland	Halbinsel Kola	Norwegen	Schweden	Finnland
1902–03	1902–03	1902–03	1903	1902–04	–	1901–03
1906	1906–07	1907	–	1906–07	–	1906–07
1909–12	1911	1911	–	1909–12	–	1911
–	1916	–	1916	1914	–	1915
1918–20	1919	–	–	1920	–	1919–20
1922–23	1922–23	–	–	–	–	1922
1926	1926	(1926)	–	1926	–	1926
1929–30	1929–30	1930	1930	1929–30	–	1930–31
1933–34	1934	(1934)	–	1933–34	–	1934
1937–38	1937–38	1937–38	1937–38	1937–38	–	1937–38
1941–42	1941–42	1941–42	1941–42	1940–42	1941–42	1941–42
1944–45	(1944–45)	1945–46	–	1944–45	1945–46	1945–46
1947–50	(1948–50)	1950	–	1948–49	1948–50	1950
1951–53	(1952–53)	1953	1953–55	1953	1953	1953
1954–57	(1956)	1955	1957–58	–	1957–58	1955
1958–60	1960–61	1960–61	–	1959–60	1960–61	1960–61
1960–63	1963–64	–	–	–	1964–65	1963–64
1966–67	(1966–67)	–	–	–	–	–
1969–70	1969–70	1969–70	–	1969–70	1969	1968–69
1973–74	1974–75	1973–74	–	–	1974–75	1973
1977–78	1977–78	–	–	1977–78	1977–78	1978–79

Die Zusammenstellung gründet sich auf Angaben von Elton (1942), Nasimovich et al. (1948), Kalela (1949), Wildhagen (1949), Curry-Lindahl (1959, 1961b, 1962b, 1970), Koshkina u. Khalansky (1962e), Clough (1965), Myrberget 1965 und briefl.), Tast u. Kalela (1971), Lahti (briefl.) sowie eigene nicht publizierte Angaben

überzeugend wie sie zunächst scheint, denn die Höhepunkte der Population des Braunen Lemmings bei Point Barrow fallen nicht mit denen ihrer Artgenossen weiter südlich im Inland Alaskas zusammen (Pitelka 1957), wo die Naturverhältnisse anders als an der Eismeerküste sind. Infolgedessen können wir die Spekulationen bezüglich eines gemeinsamen Nenners für Europa und Alaska *Lemmus*-Arten fallen lassen.

Bei der Suche nach möglichen Erklärungen für die zyklischen Bestandsschwankungen des Berglemmings sowie anderer Lemminge und Kleinnager ist es von großer Bedeutung zu ermitteln, inwieweit die Periodizität der jeweiligen Art innerhalb gemeinsamer Vorkommensgebiete oder über ganze Kontinente gleichzeitig ist oder nicht. Sind diese synchronisiert, deutet das Phänomen stark auf meteorologische oder/und klimatische Faktoren als Erklärung des zyklischen Rhythmus.

Bezüglich des Berglemmings und der Wühlmäuse innerhalb des Vorkommensgebietes des ersteren ergibt die Tabelle auf Seite 115 klar einen starken Eindruck synchroner Bestandsveränderungen. Andererseits sind die Populationsschwankungen des Braunen Lemmings und des Halsbandlemmings in den Gebieten Nordamerikas, in denen beide Arten zusammen vorkommen, nicht immer genau synchron (Watson 1956, Pitelka 1957), können es aber in manchen Jahren sein (Krebs 1964, Macpherson 1966).

Es muß erwähnt werden, daß der Braune Lemming bei Point Barrow seit 1965 keine Bevölkerungseruption hatte, daß aber 1971 aufgrund von Einwanderung aus einem anderen unbekannten Gebiet ein Spitzenjahr war. Eine andere faszinierende Eigenart bei Point Barrow ist, daß der Halsbandlemming, der bis 1968 in dem Gebiet ziemlich selten war und deutlich durch die Konkurrenz des Braunen Lemmings zurückgehalten wurde, 1971 bei Point Barrow ein Spitzenjahr von früher nie gesehenem Ausmaß hatte (Pitelka 1973).

17.2. Theorien

Den zyklischen Bevölkerungsveränderungen von Tierpopulationen wurden viele Studien gewidmet. Gute Zusammenfassungen findet man bei Hewitt et al. (1954) und Lack (1954a) sowie bezüglich Kleinnagern, besonders Lemmingen, bei Pitelka (1957) und Krebs (1964). Es lassen sich unter den vielen Theorien und Versuchen zur Erklärung der periodischen Bestandsschwankungen des Berglemmings und anderer Kleinnager drei Hauptgruppen unterscheiden:

1. Direkt wirkende Umweltfaktoren wie Wetterverhältnisse einschließlich kosmischer Einwirkungen, Feinddruck und Krankheiten.

2. Nahrungsvorrat, der im Zusammenwirken mit den Bestandsveränderungen der Lemmingpopulationen kleiner oder größer wird. Es soll sich also um eine Wechselwirkung handeln, bei der die Vegetation die Berglemmingpopulationen bedingt und umgekehrt. Auch die Qualität der Nahrung in verschiedenen Jahren wurde als Ursache für die Periodizität des Berglemmings genannt.

3. Streßartige Phänomene, die durch das aggressive Verhalten des Berglemmings bei Übervölkerung hervorgerufen werden. Die Erklärung nennt mehrere Ursachen. Die eine ist, daß Streß physiologische Störungen auslöst, die zum Tod führen. Eine andere ist, daß Streß außer in verändertem Verhalten ohne nachweisbare Mechanismen und Defekte durch Selbstregulierung und genetischen Polymorphismus zu einer Qualitätsverschlechterung der Population führt mit verminderter Reproduktion, Auswanderung und Tod als Folgen.

Das Problem der Periodizität des Berglemmings ist noch nicht gelöst und so verhält es sich auch mit den Bestandsschwankungen bei vielen anderen Kleinnagern. Wir wollen einige der Hypothesen kurz behandeln, die bezüglich des Berglemmings in den Diskussionen der letzten Jahrzehnte die Aufmerksamkeit weckten.

Meine Auffassung in dieser komplexen Frage ist, daß eine Vielzahl Faktoren zusammenwirken, wenn auch nicht immer in den gleichen Kombinationen, und zu diesen gehört der Berglemming selbst. Ein früher nicht beachteter Faktor, der meiner Meinung nach von großer Bedeutung für den Berglemming ist, ist das Vorhandensein bzw. das Fehlen von Schutzmöglichkeiten im Terrain. Dies ist ein Faktor, der Streß auslöst und zu bestimmten Verhalten beim Berglemming führt.

17.2.1. Meteorologische, klimatische und kosmische Faktoren

Es ist selbstverständlich, daß die Wetterverhältnisse sowohl direkt als auch indirekt eine große Rolle bei der Bestandsveränderung des Berglemmings spielen. Extreme Temperaturen und Niederschlag in für den Berglemming kritischen Perioden des Jahres können Einfluß auf die Reproduktion und die Sterblichkeit der Art haben. Wahrscheinlich werden auch die Futterpflanzen des Berglemmings von unterschiedlicher Witterung beeinflußt, was indirekt Einfluß auf die Berglemmingpopulationen hat. Wir wissen jedoch nicht im Detail, in welchem Ausmaß und auf welche Weise verschiedene Wetterursachen die Lemmingstämme zahlenmäßig regulieren.

Meteorologische Ursachen sind zum Beispiel
1. reichliche Herbstregen, denen Frost und die Bildung einer Eisdecke auf der Erde folgt, ehe sich eine Schneedecke bildet;
2. die Dicke und Beständigkeit der Schneedecke im Winter;
3. extreme Kälteperioden im Winter;
4. warmes Frühjahr mit schneller Schneeschmelze und anschließender Überschwemmung der Nester und Laufgräben in den Winterquartieren unter dem Schnee;
5. sehr regnerische oder unnormal trockene Sommer.

Die Erfahrung hat gezeigt, daß die unter 1, 2 und 4 genannten Faktoren in manchen Jahren die Sterblichkeit des Berglemmings sehr erhöhen bzw. die Fortpflanzung stark behindern können. Der dritte Faktor wird dagegen kaum eine Rolle spielen, vorausgesetzt, daß die Schneedecke normal oder besonders dick ist. Die Winter 1940 bis 1942 waren in Fennoskandien die kältesten Perioden, die die Wetterstatistik kennt. Man verzeichnete zum Beispiel in Norrbotten (Torne-Tal) drei Wochen langanhaltende Temperaturen von $-30\,^{\circ}$C und in einer Nacht sogar $-49\,^{\circ}$C. Und trotzdem kam es in diesen Jahren zu einem Lemmingmaximum, soweit bekannt dem höchsten in Schweden während der letzten 35 Jahre.

Was den Faktor 5 angeht, werden ausgewachsene Lemminge nicht unter regnerischen Sommern leiden, dagegen wird aber vermutlich die Fortpflanzung aufgrund der Empfindlichkeit der Jungen gegen Kälte und Feuchtigkeit beeinflußt. Es ist anzunehmen, daß trockene und warme Sommer im allgemeinen einen größeren negativen Einfluß auf den Berglemming haben als feuchte Sommer. Teils scheint die Art gegen hohe Temperaturen empfindlich zu sein und teils wird sich möglicherweise die Qualität der Nahrung verschlechtern.

Collett (1895) war der Meinung, daß Frühjahrs- und Sommerwetter nur einen geringen Einfluß auf die Lemmingpopulationen haben, daß aber das Winterwetter von Bedeutung sein könne. Kalela (1949) maß dem Wetterfaktor (wenn er ihn auch als klimatisch bezeichnete) eine große Bedeutung für die Periodizität bei.

Siivonen (1957) legt großes Gewicht auf das Wetter im April—Mai, wenn der erste Wurf des Sommers erfolgt; denn diese Generation bildet die Grundlage für das Reproduktionsresultat des Sommers. Für den Halsbandlemming in Kanada schreibt Shelford (1943), daß die Population die Tendenz zeige, sich zu vergrößern, wenn die Schneedicke im Winter normal oder dicker als normal ist und die Tiere während des ganzen Winters schützt, sowie bei hohen Juli- und Augusttemperaturen, wohingegen sich die Bestände in kalten Wintern mit wenig Schnee verminderten. Jedoch zeigen Shelfords Daten, wie Krebs (1964) hervorhob, daß die genannten Wetterfaktoren kaum allein für die Zunahme bzw. das Abnehmen der Halsbandlemminge entscheidend sein können. Mullen (1968) sieht eine direkte Beziehung zwischen der Temperatur und der Dauer der Sommerfortpflanzung für den Braunen Lemming, eine Parallele zu dem, was Quay (1960) für den Halsbandlemming sagt.

Untersuchungen bei den Erdmäusen scheinen zu zeigen, daß die Populationszyklen dieser Art nicht nur vom Wetter verursacht werden (Chitty 1952, 1960, Chitty und Chitty 1962).

Über den indirekten Wettereinfluß auf zyklische Veränderungen des Nahrungswertes bzw. der Bestandsdichte der für die Art wichtigsten Nahrungspflanzen wurden wenige Untersuchungen gemacht. Eine Ausnahme bilden die Untersuchungen in Finnland, wo Tast und Kalela (1971) in der Periode von 1963 bis 1971 eine perfekte Synchronisierung der Populationsschwankungen des Berglemmings, der Graurötelmaus, der Erdmaus und der Sumpfmaus fanden, die mit günstigen Futtervoraussetzungen im Frühjahr und Winter in Wechselbeziehung standen.

Klimatische Faktoren (die oft mit meteorologischen verwechselt werden) nahmen einen relativ großen Platz in den Diskussionen bezüglich des 3- bis 4-Jahreszyklus des Berglemmings ein. Sie haben zeitlich ganz andere Dimensionen als meteorologische Ursachen und können nicht in so kurze Perioden von 3 oder 4 Jahren eingeteilt werden. Diskussionen um „Klimaschwankungen" als Ursache der Periodizität des Berglemmings erscheinen daher unrealistisch. Eine Wechselbeziehung zwischen Klima- und Lemmingzyklen konnte auch nicht sicher bewiesen werden.

Auch kosmische Faktoren wurden als Ursache für die Bestandsschwankungen und -zyklen des Berglemmings genannt. Die Periodizität der Sonnenflecken und damit zusammenhängende Veränderungen der Sonnenausstrahlung wurde als eine Erklärung angegeben, jedoch gibt es keine zeitlichen Beziehungen zwischen diesen und dem Zyklus der Berglemminge. Auch dem zyklischen Rhythmus des Mondes wurde eine Rolle zugeschrieben. Siivonen und Koskimies (1955) sind der Meinung, daß in

Norwegen seit 1900 eine Wechselbeziehung zwischen den Bestandsveränderungen des Lemmings und dem Phasenzyklus des Mondes vorliegt.

Als Abschluß dieser Diskussion kann gesagt werden, daß das Wetter sicher eine wichtige Rolle spielt, vielleicht die wichtigste, als direkter oder indirekter Regulator der zahlenmäßigen Veränderungen des Berglemmingstammes, daß dieses Einwirken aber im Zusammenwirken mit anderen Umweltfaktoren geschieht (C u r r y - L i n d a h l 1961b, K r e b s 1964, M a r s d e n 1964, M u l l e n 1968). Die volle Bedeutung des Wetters für die zyklischen Bestandsveränderungen bei Kleinnagern einschließlich dem Berglemming muß jedoch noch immer geklärt werden.

17.2.2. *Feinde*

Daß die Berglemminge ein Beutetier für eine große Anzahl Säugetiere und Vögel sind, wurde bereits gesagt. Ein Teil dieser Feinde hat eine Periodizität, die offensichtlich von den wechselnden Populationsfrequenzen des Berglemmings und anderer Kleinnager gesteuert wird. Im Winter und wenn sein Bestand sehr niedrig ist, kann der Berglemming Feinde fast völlig meiden. Erst wenn die Lemmingpopulation ein hohes Niveau erreicht, vermehrt sich auch die Zahl der Feinde durch Einwanderung und Fortpflanzung. Man weiß jedoch noch immer nicht, ob der Feinddruck in Spitzenjahren des Lemmings prozentual höher oder niedriger liegt als in Minimaljahren der Berglemminge. Auf jeden Fall können die Feinde in Spitzenjahren sowohl einen Populationsausbruch als auch einen -kollaps verzögern.

Bei Diskussionen der Effektivität des Feinddrucks auf den Berglemming und andere arktische Kleinnager auf der einen Seite und die in gemäßigten Gebieten lebenden Kleinnager auf der anderen Seite muß beachtet werden, daß die Verhältnisse in diesen Gebieten sehr unterschiedlich sind. In den arktischen Gebieten, in denen relativ wenig Beutetiere vorkommen und es weniger Variationen in den Lebensstätten gibt als in den gemäßigten Gebieten, ist die Periodizität der Feindtiere viel stärker an die Populationsschwankungen der Beute gebunden, als dies in den gemäßigten Gebieten der Fall ist. Hier gibt es sehr viel mehr Beutetiere, die außerdem nicht immer gleichzeitig Spitzenjahre haben.

Wie gesagt, ist der Berglemming während der Schneeschmelze im Frühjahr am meisten seinen Feinden ausgesetzt, da er dann für einige Zeit in den Winterquartieren obdachlos ist, ferner während der Saisonwanderungen und Wanderzüge und auch, wenn die Lemminge ihre gewählten Sommer- oder Winterquartiere erreicht haben, jedoch noch keine Laufgräben- und Schutzraumsysteme errichten konnten, eine Arbeit, für die sie ungefähr zwei Wochen benötigen. Bei hoher Populationsfrequenz im Sommerhalbjahr sind immer viele Berglemminge, besonders Männchen, aufgrund von innerartlicher Konkurrenz ohne Schutz, weshalb diese dann während des ganzen Sommers ihren Feinden ausgesetzt sind.

Wiesel und Eisfüchse sind die Säugetiere, die sich am meisten auf Lemminge als Beutetiere spezialisiert haben.

Eine große Anzahl Lemmingforscher sind sich einig, daß die Periodizität der Lemminge nicht von Feinden der Lemmingen verursacht wird, daß aber der Zyklus letzterer in arktischen und nördlichen Gebieten von den Beutetieren abhängt. Die Auswirkung der Feinde auf den Berglemming wurde nicht so eingehend untersucht wie beim amerikanischen Lemming.

Das einzige Raubtier, das als Hauptursache für die Abnahme (örtlich fast Ausrottung) einer Lemmingpopulation angesehen wird, ist das Amerikanische Mauswiesel *(Mustela rixosa)*. Solche Fälle wurden von Alaska und Kanada berichtet (Thompson 1955a, Maher 1967, MacLean, Fitzgerald und Pitelka 1974). Ähnlich stark wirkten Hermelin und Mauswiesel 1969/1970 auf Lemmingpopulationen in Finnland ein (Tast und Kalela 1971). Auch auf der Halbinsel Kola hat sich das Hermelin als der bedeutendste Vernichter des Berglemmings erwiesen (Koshkina und Khalansky 1962).

Wie gesagt, kann Feinddruck verzögernd auf die verschiedenen Momente in der Periodizität der Lemminge einwirken. Darüber liegen Angaben aus Alaska vor (Pitelka et al. 1955a). Daß der Feinddruck der größte Sterblichkeitsfaktor für Lemminge ist, konnte 1953 und 1956 in Alaska festgestellt werden (Pitelka et al. 1955a, b, Pitelka 1959). 1968 und 1969 waren es das Amerikanische Mauswiesel sowie zwei kalte Winter, die einen Populationsausbruch des Braunen Lemmings in Alaska verhinderten (Pitelka 1972).

Es muß festgestellt werden, daß in Alaska und Kanada mehrere Lemmingzusammenbrüche im Frühling vorkamen, zu denen die Raubtiere nicht beigetragen haben (Thompson 1955a, b, Pitelka 1958, Krebs 1964)

Pitelka (1973), der lange der Wortführer der Nahrungshypothese war, neigt seit kurzem zu der Auffassung, daß der Feinddruck mehr als jeder andere Faktor die Zyklen der Kleinnager bestimmt.

17.2.3. *Krankheiten*

Sven Ekman (1907) erklärte, daß der Zusammenbruch von Berglemminggradationen auf Krankheiten beruht. Er war der Meinung, daß die Massensterben von Epidemien verursacht werden, die sich in einem Spitzenjahr schnell unter dem reichlichen Lemmingbestand verbreiten. Die überlebenden Tiere sind entweder immun oder Bazillenträger, die die Krankheit ohne Schaden überstanden haben, sie aber verbreiten können. Aufgrund der kleineren Stämme und der damit verbundenen Isolierung von Populationen entsteht erst wieder eine neue Epidemie, wenn eine neue Massenvermehrung stattgefunden hat. Dies sollte auch die Periodizität erklären. Ekmans Hypothese ist logisch, aber er legt zu großes Gewicht auf den epidemischen Effekt der Krankheiten des Berglemmings als konstantem Hauptfaktor für die Periodizität. Es ist möglich, daß in manchen Jahren oder in manchen Gegenden Krankheiten von entscheidender Bedeutung für einen Populationszusammenbruch des Berglemmings sind.

In Kanada fand Krebs (1964) nichts, was darauf deuten ließ, daß Krankheiten zu den Populationszusammenbrüchen der Lemminge beitragen, und in den Resultaten der langjährigen Studien in Alaska wird dieser eventuelle Faktor nicht einmal diskutiert. Für Kleinnager im allgemeinen haben Elton (1942) und Chitty (1954) nachgewiesen, daß Krankheiten nicht der Grund für Populationszusammenbrüche sein können.

Zu den „Krankheiten" haben wir hier auch Parasiten gerechnet. Es muß hinzugefügt werden, daß in einem Fall Krebs als Todesursache bei einem in Gefangenschaft lebenden Halsbandlemming festgestellt wurde (Manning 1954).

17.2.4. Nahrung

Für die Bestandsdichte vieler Tierarten ist der quantitative und der qualitative Nahrungsvorrat von entscheidender Bedeutung. Es ist natürlich, daß diesem Faktor eine große Bedeutung für die Periodizität der Lemminge beigemessen wird. Dies betonen besonders Lack (1954a, 1954b), Thompson (1955a, 1955b), Pitelka (1957, 1958, 1964), Kalela (1962b), Kalela und Koponen (1971), Tast und Kalela (1971). Die Bestandsschwankungen des Berglemmings werden danach vom Nahrungsvorrat gesteuert; es ist aber klar, daß auch die Lemminge das Vorkommen der Pflanzen beeinflussen, die sie vor allen anderen verzehren. Es handelt sich also um ein mehr oder weniger rhythmisches Wechselspiel: in einem Lemmingjahr werden die wichtigsten Nahrungspflanzen abgeweidet, oft zu stark abgeweidet. Die Lemminge emigrieren oder ihre Population bricht zusammen. Die Pflanzendecke braucht einige Vegetationsperioden, um sich zu erholen. Wenn sie dies getan hat, beginnen die Lemminge sich wieder zu vermehren. Deren Reproduktionspotential führt zu einem Populationsausbruch, und damit beginnt wieder ein Lemmingjahr. Diese Periodizität kann zeitlich und im Rhythmus etwas wechseln. Die beschriebene Situation gibt wieder, was in einem 4jährigen Zyklus geschieht; es ist jedoch noch nicht geklärt, ob Ursache und Wirkung so zusammenhängen, daß allein dieser Verlauf die Erklärung für die Periodizität des Berglemmings ist.

Von den genannten Verfechtern der Nahrungshypothese als Erklärung für die Periodizität der Kleinnager einschließlich der Lemminge arbeiten nur die finnischen Forscher mit Berglemmingen, über diese hat Kalela in anderen Arbeiten als den genannten teilweise abweichende Auffassungen.

Die Arbeit von Tast und Kalela von 1971 baut auf vier nordischen Kleinnagern auf, von denen der Berglemming einer ist. Die beiden Forscher kommen zu dem Schluß, daß die jährlichen Veränderungen in der Qualität und der Quantität der Pflanzennahrung der Kleinnager der Grundfaktor ist, der die Periodizität der lappländischen Nagetiere verursacht. Sie betonen aber, daß die Beweise dafür noch nicht ausreichen und daß zweifellos auch andere Faktoren Einfluß haben.

Es herrscht keine Einigkeit bezüglich der Nahrung als Hauptfaktor für die Periodizität des Berglemmings. Nasimovich et al. (1948), die auf der Halbinsel Kola arbeiteten, sind nicht der Meinung, daß die Nahrung etwas mit den Bestandsschwankungen des Berglemmings zu tun hat. Eine ähnliche Auffassung, daß nicht der Nahrungszugang allein die Periodizität der Art erklären kann, wird von Curry-Lindahl vertreten (1961b, 1962b, 1963f), der jedoch gleichzeitig auf die Möglichkeit hinweist, daß qualitative Veränderungen im Nahrungszugang in manchen Jahren physiologische Reaktionen hervorrufen können, die zu den streßartigen Symptomen führen, die die Art in Spitzenjahren aufweist. Die letztgenannte Auffassung scheint sich nur wenig von der Ansicht Tasts und Kalelas (1971) zu unterscheiden. Krebs (1964) ist für den Braunen Lemming und den Halsbandlemming in Kanada zu der gleichen Auffassung wie Curry-Lindahl (1961b) gelangt.

Die qualitativen Veränderungen der Vegetation wurden von Braestrup (1940) teils mit den Wetterveränderungen und teils mit den periodischen Bestandsschwankungen der Säugetiere und Vögel in Verbindung gebracht; eine Hypothese, der sich Kalela anschloß (1949). Teilweise auf experimentellem Weg ist Schultz (1966) zu der Meinung gekommen, daß Variationen im Nährstoffgehalt der Nahrung den Bestandszyklus der Lemminge bestimmen.

Chitty (1952, 1960, 1967) verwarf die Nahrungshypothese als Erklärung für die Populationsschwankungen der Erdmaus. Der gleichen Ansicht sind Krebs (1966) für die nahverwandte Kalifornische Wühlmaus (*Microtus californicus*) und DeLong (1967) für die Hausmaus (*Mus musculus*). Dagegen scheint dies, nach Untersuchungen zu urteilen, für die Strandmäuse (*Peromyscus polionotus*) in Süd Carolina zu gelten (Gentry 1966).

Interessant ist, daß der hauptsächlichste Fürsprecher der Nahrungstheorie, Pitelka (1973), seine eigene Hypothese zu bezweifeln begonnen hat. Der Grund ist, daß bei Point Barrow seit 1965 der regelmäßige Zyklus der Braunen Lemminge unterbrochen wurde. Pitelka (1973) ist nunmehr der Meinung, daß die „normalen" Zyklen der arktischen Kleinnager mehr von allen Feinden als von irgendeiner anderen Komponente im Ökosystem bestimmt werden.

17.2.5. *Streß, Populationsdichte und Selbstregelung der Bestände*

Bei mehreren Lemmingen und Wühlmäusen ist ein deutlicher Zusammenhang zwischen Populationsdichte und Reproduktionsfrequenz sichtbar. Bei geringer Dichte vermehren sich fast alle Tiere, die im Frühjahr und Vorsommer geboren wurden, zeitig, während bei hoher Dichte fast keine der im Frühjahr und Sommer geborenen Jungen im gleichen Jahr die Geschlechtsreife erreichen. Dies bedeutet unterschiedliche Zeitpunkte für die Geschlechtsreife, deren Extreme zwischen etwa 3 Wochen und 10 bis 12 Monaten liegen. Es ist offensichtlich, daß derart große Altersunterschiede bei der Geschlechtsreife eine große Rolle als Populationsregulator für eine Art spielen, die selten älter als drei Jahre wird und die mehrere Würfe im Jahr haben kann. Dazu hat sich gezeigt, daß der Grenzwert für die Verzögerung der Geschlechtsreife aufgrund der Populationsdichte bei den jungen Männchen niedriger liegt als bei den jungen Weibchen. Das Resultat dieses großen Zeitunterschieds für die Geschlechtsreife in verschiedenen Jahren ist, daß sich in einem Jahr mehrere Generationen entwickeln können, während es in einem anderen Jahr nur eine ist.

Diese Bestandsregulierung durch Populationsdichte wurde bei mehreren Kleinnagern festgestellt: beim Berglemming, dem Braunen Lemming, dem Halsbandlemming, der Graurötelmaus, der Waldwühlmaus, der Erdmaus und zwei ihr nahestehenden Verwandten, der Wiesenwühlmaus (*Microtus pennsylvanicus*) und der Mittelmeerfeldmaus *(M. guentheri)*, sowie bei der Hausmaus (Crew und Mirskaia 1930, Hamilton 1937, Bodenheimer 1949, Christian 1955b, Clarke 1955, Kalela 1957, 1961, Krebs 1964, Petrusewicz et al. 1971).

Untersuchungsresultate für den Braunen Lemming in Alaska deuten darauf hin, daß die Populationsdichte keine Bedeutung für die Regulierung der Reproduktion hat (Mullen 1968), also das Gegenteil zu dem, was von Krebs (1964) in Kanada für die gleiche Art nachgewiesen wurde.

Diese Feststellung bedeutet jedoch nicht, daß der Mechanismus der physiologischen Steuerung des wechselnden Alters für den Eintritt der Geschlechtsreife bekannt ist. Hohe Populationsdichte bringt mehrere Konsequenzen und Belastungen für das einzelne Tier in Form von gegenseitiger Konkurrenz mit sich. Eine Folge des Mangels an passender Nahrung kann schlechtere Kondition und dadurch verzögerte Geschlechtsreife sein (was bei mehreren Säugetierarten bekannt ist), doch braucht dies nicht unbedingt auf Nahrungsknappheit beruhen. Übervölkerung kann wahrscheinlich aufgrund von Platzmangel und damit verbundenem Streß eine Sperre für die Reproduktion bilden. Es ist auch möglich, daß eine verzögerte Geschlechtsreife bei hoher Populationsdichte einen Sicherheitsmechanismus darstellt, um Nahrungsmangel aufgrund von extremer Übervölkerung zu verhindern, was von Allee et al. (1949), Kalela (1954, 1957) und Koskimies (1955) gesagt wurde. Fest steht, daß das flexible Geschlechtsalter ein außerordentlich populationsregulierendes Instrument ist, das bei mehreren Arten entwickelt wurde. Es ist bedeutungsvoll für den Verlauf der Periodizität, erklärt jedoch nicht deren Ursache.

Die Selbstregulierungstheorie als Hintergrund für die Periodizität bei Kleinnagern hat, wie auch andere Hypothesen bezüglich der zyklischen Schwankungen bei Wirbeltieren, viele Diskussionen geweckt. Die Theorie baut auf der These auf, daß Geburten- und Sterblichkeitszahl einer Art auf der Populationsdichte beruhen und daß hohe Populationsdichte Streß und soziale Konflikte hervorrufen. Streß und soziale Unruhe führen zu negativen physiologischen Veränderungen in verschiedenen, für das Wohlbefinden wichtigen Organen (vgl. Seite 96) und veranlassen spezielles Verhalten. Besonders die Nebennieren und damit die Adrenalinausschüttung sollten in so hohem Grad beeinflußt werden, daß andere wichtige Hormonfunktionen herabgesetzt werden, unter anderem das Fortpflanzungsvermögen und die Entwicklung zur Geschlechtsreife (Christian 1950, 1961, 1963, Christian und Davis 1956, siehe Literatur Seite 102).

Diese Hypothese hat schwache Punkte, denn sie gründet sich hauptsächlich auf Laborstudien. Das Geschehen beim Berglemming und Halsbandlemming zeigt in der Natur in Spitzenjahren deutliche Verhaltensparallelen. Die physiologischen Veränderungen beim Berglemming sind jedoch noch immer ungeklärt. Was bezüglich der Adrenalinabsonderung bei „übervölkerten" Nagetierbeständen in Gefangenschaft festgestellt wurde, gilt nicht für wilde Lemminge und Wühlmäuse in Nordamerika, ob sie nun bei Populationseruptionen unter Streß oder in einer kleinen Population leben (T h o m p - s o n 1954, K r e b s 1963b, C l o u g h 1965b).

Eine Variante der Selbstregulierungstheorie ist, daß Streß bei der Erdmaus durch Übervölkerung eine Qualitätsverschlechterung der Population hervorruft, die ihren Ausdruck in verändertem Verhalten findet, was gemäß C h i t t y (1960) auf genetischen Faktoren beruhen soll (vgl. S. 102). Er baut seinen Gedankengang auf das Überlebensvermögen verschiedener Genotypen auf. In einem Jahr mit spärlichen Populationen soll der größere Teil der produzierenden Individuen einem anderen Genotyp zugehören als während der streßartigen Verhältnisse in einem Spitzenjahr. Dennoch würde also die Population oder deren überwiegende Mehrheit durch natürliche Auswahl in den verschiedenen Phasen des Periodizitätszyklus genetisch unterschiedlich sein. Dies hätte innerhalb einer Mehrheit der Population ethologische Effekte. Der polyforme Verhaltensmechanismus fungiert im Zusammenspiel mit äußeren Milieufaktoren, wobei Übervölkerung ein wichtiger Teil ist. C h i t t y ist der Meinung, daß seine Theorie auch für Lemminge gilt, was von K r e b s (1964) nach Studien zweier Lemmingarten in Kanada während eines Zyklus bestätigt wird.

Die Adrenalintheorie wurde von mehreren Forschern kritisiert (C h i t t y 1955, 1957, 1960, T u r n e r 1960, M u n d a y 1961, K r e b s 1964, M u l l e n 1968), aber auch die Hypothese über die qualitativen Veränderungen innerhalb der Nagetierpopulationen hat starken Widerspruch gefunden, vor allem von den Wissenschaftlern, die die Relation Nahrungszugang : Nagetierpopulationen als den wichtigsten Faktor für die Periodizität betrachten.

Der Berglemming zeigt, wie aus mehreren Kapiteln in diesem Buch hervorgeht, ein einzigartiges Verhalten, wenn die Population eine hohe Dichte erreicht hat. Dieses wird sich nicht zufällig entwickelt haben. Es ist wahrscheinlich für die Art höchst rationell und von Überlebenswert, sich in gewissen Situationen so zu verhalten, wie es der Berglemming tut. Gerade die Veränderungen in den Verhaltensweisen werden eine größere Rolle als Populationsregulator spielen als bis jetzt angenommen wurde. Bei vielen Säugetierarten sowohl in gemäßigten als auch in tropischen Gegenden tragen die Verhaltensmechanismen zur Populationsstabilität bei, weshalb diese wahrscheinlich auch im arktischen und subarktischen Milieu effektiv wirken können. W a t s o n und M o s s (1970, vergleiche auch C u r r y - L i n d a h l 1971b) haben in einer Übersicht die Bedeutung der Verhaltensmechanismen für die Regulierung der Tierpopulationen in Beziehung zum Nahrungszugang unterstrichen.

Kommende Forschungen bezüglich der Periodizität und Bestandsschwankungen bei Lemmingen und anderen Kleinnagern müssen dem Verhalten dieser Tiere in verschiedenen Populationssituationen größere Aufmerksamkeit widmen. Vielleicht kann man dann einen weiteren Baustein zur Lösung des Rätsels finden.

17.2.6. *Schutzmöglichkeiten*

Das Verhalten des Berglemmings verändert sich stark, wenn er keinen Schutz in flachen Höhlungen oder anderen Verstecken auf der Erde findet. Vor allem die Männchen sind in Spitzenjahren aufgrund von Konkurrenz der dominierenden trächtigen Weibchen (s. S. 93) ohne Deckung. Dies kann die Erklärung dafür sein, daß bei hoher Populationsdichte mehr Männchen als Weibchen nicht geschlechtsreif werden, daß sie vor den Weibchen von einem übervölkerten Platz wegziehen und daß sie zuerst Streß-Symptome aufweisen.

Nach dem Studium von Berglemmingen sowohl in Normaljahren als auch in Jahren mit hohem Bestand kann man unmöglich vergessen, welche außerordentliche Bedeutung der Zugang zu Schutzmöglichkeiten für diese Art haben muß. An Orten mit reichlichem Nahrungsvorrat aber zu wenigen Schutzmöglichkeiten im Verhältnis zur Populationsdichte werden die streßartigen Reaktionen ausgelöst. Dies deutet darauf hin, daß die Verfügbarkeit von Schutzraum einen Schlüsselfaktor in der Ökologie und der Populationsdynamik des Berglemmings darstellt. Im Unterschied zu anderen Lemmingen und Kleinnagern gräbt der Berglemming weniger geschickt, und es geschieht nur selten, daß er sich im Gebirge Höhlen gräbt. Dadurch ist die Art sehr auf natürliche Schutzräume angewiesen, was schon das Laufgrabensystem klar beweist. Diese Laufbahnen verbinden die Schutzräume miteinander, die bei dem kleinsten Anzeichen von Gefahr schnell aufgesucht werden. Die Geschwindigkeit, mit der sich die Berglemminge in ihren Laufgräben zu ihren Schutzräumen bewegen, zeigt deutlich, wie vertraut sie mit deren Netzwerk sind.

Folglich wird ein großer Teil des Verhaltens des Berglemmings bei verschiedener Populationsdichte mit der Möglichkeit Schutz zu finden verbunden sein. Dieser Faktor kann ein Teil des Ursachenkomplexes sein, der zu der Periodizität der Art beiträgt. Bis jetzt wurden über diese speziellen Probleme praktisch noch keine Untersuchungen durchgeführt.

17.2.7. *Zusammenfassung*

Der 3- bis 4jährige Populationszyklus des Berglemmings kommt auch bei anderen Lemmingen und bei mehreren Wühlmausarten vor, er ist jedoch beim Berglemming am stärksten ausgeprägt. Die Vielzahl der Theorien über die Periodizität, die in diesem Kapitel behandelt wurden, wirkt vielleicht verwirrend. Auch sind die Untersuchungsresultate für die gleiche Art nicht selten widersprechend, brauchen deshalb aber nicht falsch zu sein. Jede Population muß als ein Teil des Ökosystems betrachtet werden, dabei sind die Biotopverhältnisse in jedem Gebiet anders. Die Wahrheit wird sein, daß die

Periodizität der Populationsschwankungen auf einem großen Komplex zusammenwirkender, veränderlicher Umweltfaktoren beruht, wobei nicht immer die gleichen Ursachen kombiniert sind. Der Berglemming selbst ist ein wichtiger Teil seiner Umwelt und spielt unter den genannten Ursachen eine bedeutende Rolle. Das Wetter ist vermutlich einer der wichtigsten Faktoren, denn es beeinflußt andere Umweltkomponenten wie Schneedecke, Eisbildung, Vegetation usw.

Vereinfacht sollte man die Periodizität und die Bestandvariationen des Berglemmings folgendermaßen zusammenfassen: Nach einem Populationszusammenbruch können einige aufeinanderfolgende Jahre mit für die Art guten Umweltbedingungen (Wetter, Nahrung, Schutz, usw.) in steigendem Maß eine große Vermehrung der Population verursachen; es kommt dann auch im Winter zur Fortpflanzung. Wenn ein bestimmtes Bestandsniveau erreicht ist, werden die populationsregulierenden Mechanismen ausgelöst, die Fortpflanzung hört auf und die Population geht anzahlmäßig schnell zurück, bis sie den niedrigsten Stand wieder erreicht hat.

Dieser Prozeß vollzieht sich gewöhnlich im Verlauf von 3 bis 4 Jahren, doch gibt es viele Ausnahmen von dieser Regel. Der Umstand, daß mehrere Lemminggenerationen mit unterschiedlicher Geschlechtsreife eine Population bilden, in der das Durchschnittsalter nicht einmal ein Jahr sein wird, ist wahrscheinlich rein mathematisch ein bedeutungsvoller populationsdynamischer Faktor.

Es ist frappierend, wie fast alles, was die Fortpflanzungsbiologie der Lemminge betrifft, flexibel ist. Es gibt bei dieser Art keine festen Gesetzmäßigkeiten, praktisch alles variiert stark von Jahr zu Jahr:

a) Die Länge der Reproduktionszeit mit in gewissen Jahren intensiver, fast ununterbrochener Fortpflanzung sowohl im Sommer als auch im Winter, während in anderen Jahren die Vermehrung unbedeutend ist und sich auf den Sommer beschränkt, und dann ein dritter Typ, wobei bei hoher Populationsfrequenz die Vermehrung bereits im Juli aufhört.

b) Die Anzahl und Größe der Würfe wechselt sehr.

c) Die Zeit bis zur Geschlechtsreife ist sehr unterschiedlich, und zwar sogar bei Jungen, die im gleichen Sommer geboren wurden, und schwankt zwischen 15 Tagen bis zu mehreren Monaten, vielleicht einem halben Jahr.

Die Kombination von Sommer- und Wintervermehrung hintereinander ist natürlich von großer Bedeutung für die Fähigkeit der Lemminge, einen Stamm schnell bis zum höchsten Niveau aufzubauen, wenn die Umweltbedingungen dies erlauben. Die Würfe, die im Frühjahr und Vorsommer geboren werden, bilden die Basis für die Populationszunahme, die im nachfolgenden Winter eintreffen kann und im darauffolgenden Sommer dann ein Lemmingjahr verursacht.

Bei den Erklärungen für die Periodizität lassen sich zwei Hauptlinien erkennen: die eine (vor allem durch L a c k 1954a, und P i t e l k a 1957, 1964 vertreten) ist der Ansicht, daß äußere Faktoren wie der Nahrungszugang in

Verbindung mit den Kleinnagerpopulationen die Populationsperiodizität bestimmen, während die andere Linie (vertreten durch Christian 1950 und Chitty 1952) das größte Gewicht auf die inneren bestandsregulierenden Faktoren der Kleinnager selbst legt.

Jedoch bergen z. B. die Berglemmingpopulationen in sich selbst einen Umweltfaktor, der z. B. bei hoher Populationsdichte Verhaltensweisen auslöst, die Christian und Chitty „inneren Faktoren" zuschreiben. Also können letztere nicht ohne Einwirkung von äußeren Umständen fungieren. Infolgedessen stellen die beiden genannten Richtungen ein Zusammenspiel von Milieufaktoren dar. Wir kommen somit zu dem zurück, was auf S. 117 über einen Komplex zusammenwirkender äußerer und innerer Faktoren gesagt wurde. Diese Komplexität und die Vielzahl der mitwirkenden Faktoren schließen nicht aus, daß Tierpopulationen sich selbst regulieren können und daß der Berglemming zu diesen gehört.

Veränderungen im Verhalten der Berglemminge während verschiedener Populationsphasen stellen einen Schlüsselfaktor für das Verständnis der zyklischen Fluktuation der Art dar. Und diese Veränderungen im Verhalten stehen in engem Zusammenhang mit dem Vorkommen von zugänglichen „Schutzmöglichkeiten" im Gelände, die in einem Lemmingjahr bei weitem nicht an allen Stellen ausreichen.

Trotz intensiver jahrzehntelanger Forschung auf drei Kontinenten sind bis jetzt die Ursachen für die Periodizität des Berglemmings und anderer Kleinnager nicht aufgeklärt. Alles sind nur Hypothesen, die ihrerseits Erklärungen erfordern. Also ist die Periodizität des Berglemmings noch immer ein ungelöstes, faszinierendes Problem.

18. Literatur

Abrahamsson, T. (1973): Detta är Sarek. Stockholm, 162 S.; Aho, J., u. O. Kalela (1966): The spring migration of 1961 in the Norwegian lemming, *Lemmus lemmus* (L.). at Kilpisjärvi, Finnish Lapland. - Ann. Zool. Fennici 3, S. 53—65; Allee, W. C., A. E. Emerson, O. Park, T. Park, u. K. P. Schmidt (1949): Principles of Animal Ecology. Philadelphia u. London, 837 S.; Andersson, M. (1976): *Lemmus lemmus:* A possible case of aposematic coloration and behavior. - J. Mammal. 57, S. 461—469; Arvola, A., M. Ilmén, u. T. Koponen (1962): On the aggressive behaviour of the Norwegian lemming *(Lemmus lemmus)*, with special reference to the sounds produced. - Arch. Soc. zool.-bot. „Vanamo" 17, S. 80—101; Asp, K., E. Brander, u. T. Koponen (1963): Experimental tubercolosis in the Norwegian lemming *(Lemmus lemmus)*. - Acta Tuberc. Pneum. Scand. 43, S. 216—222

Batzli, G. O., u. F. A. Pitelka (1970): Influence of meadow mouse populations on California grasslands. - Ecology 51, S. 1027—1039; dgl. (1971): Condition and diet of cycling populations of the California vole, *Microtus californicus*. - J. Mammal. 52, S. 141—163; Bee, J. W., u. E. R. Hall (1956) Mammals of Northern Alaska. - Misc. Publ. Univ. Kansas 8, S. 1—309; Bergström, U. (1968): Observations on Norwegian lemmings, *Lemmus lemmus* (L.), in the autumn of 1963 and the spring of 1964. - Ark. Zool. 20, S. 321—363; Blondel, J. (1967): Reflexions sur les Rapports entre Predateurs et Proies chez les Rapaces. I. Les Effets de la Predation sur les Populations de Proies. - Terre Vie 1, S. 5—62; Bodenheimer, F. S. (1949): Problems of vole populations in the Middle East. Research Council of Israel. Jerusalem, 77 S.; Bourlière, F. (1964): The Natural History of Mammals. 3. Aufl. New York, 387 S.; Braestrup, F. W. (1940): Periodiske Svingninger hos visse Pattedyr of Fugle — og et Forsøg paa en Forklaring. - Naturens Verd., S. 97—108; Brehm, A. E., u. S. Ekman (1955): Djurens liv. II. 6. Aufl. Stockholm, S. 641—1323; Brett, J. R. (1958): Implications and assessments of environmental stress. I. The Investigations of Fish-Power Problems. Vancouver, S. 69—83; Brooks, R. J. (1970): Ecology and acoustic behavior of the collared lemming, *Dicrostonyx groenlandicus* (Traill). Diss. Univ. Illinois, Urbana; dgl., u. E. M. Banks (1973): Behavioural Biology of the Collared Lemming *(Dicrostonyx groenlandicus* [Traill]): An Analysis of Acoustic Communication. - Animal behav. Monogr. 6, S. 3—83; Buchler, E. R. (1976): The use of echolocation by wandering shrew *(Sorex vagrans)*. - Animal behav. 24, S. 858—873

Cabot, W. (1912): In Northern Labrador, London; Cahalane, V. H. (1947): Mammals of North America. New York, 682 S.; Chitty, D. (1952): Mortality among voles *(Microtus agrestis)* at Lake Vyrnwy, Montgomeryshire in 1936—9. - Phil. Trans. R. Soc. London B. 236, S. 505—552; dgl. (1954): Tubercolosis among wild voles; with a discussion of other pathological conditions among certain mammals and birds. - Ecology 35, S. 227—237; dgl. (1955): Adverse effects of population density upon the viability of later generations. In: J. B. Cragg u. N. W. Pirie, The Numbers of Man and Animals. Edinburgh, S. 57—67; dgl. (1957): Self-regulation of numbers through changes of viability. - Cold Spring Harb. Symp. Quant. Biol. 22, S. 277—280; dgl. (1960): Population progresses in the vole and their relevance to general theory. - Canad. J. Zool. 38, S. 99—113; dgl., u. H. C h i t t y (1962): Population trends among the voles at Lake Vyrnwy, 1932—60. Symposium Theriologicum, Brno, S. 67—76; dgl. (1967): The natural selection of self-regulatory behaviour in animal populations. - Proc. Ecol. Soc. Australia 2, S. 51—78; C h r i s t i a n , J. J. (1950): The adrenalpituitary system and population cycles in mammals. - J. Mammal. 31, S. 247—259; dgl. (1955a): Effect of population size on the adrenal glands and reproductive organs of male mice in populations of fixed size. - Amer. J. Physiol. 182, S. 292—300; dgl. (1955b): Effect of population size on the weights of the reproductive organs of white mice. - ebd. 181, S. 477—480; dgl. (1956): Adrenal and reproductive responses to population size in mice from freely growing populations. - Ecology 37, S. 258—273; dgl., u. D. E. D a v i s (1956): The relationship between adrenal weight and population status of urban Norway rats. - J. Mammal. 37, S. 475—486; dgl. (1957): A review of the endocrine responses in rats and mice to increasing population size including delayed effects on offspring. — Naval Med. Res. Inst. Lect. Rev. 57, S. 443—462; dgl., u. C. D. L e m u n y a n (1957): Adverse effects of crowding on reproduction and lactation of mice and two generations of their progeny. - ebd. Res. Dept. 15, S. 925—936; dgl. (1959): The roles of endocrine and behavioral factors in the growth of mammalian populations. In: A. G o r b m a n , Comparative endocrinology. New York, S. 71—97; dgl. (1960): Adrenocortical and gonadal responses of female mice to increased population density. - Proc. Soc. exp. Biol. Med. 104, S. 330—332; dgl. (1961): Phenomena associated with population density. - Proc. nation. Ac. Sci. Washington 47, S. 428—449; dgl. (1963): Endocrine adaptive mechanisms and the physiologic regulation of population growth. In: W. V. M a y e r u. R. G. Van G e l d e r , Physiological Mammalogy. New York, S. 189—353; C l a r k e , J. R. (1955): Influence of numbers on reproduction and survival in two experimental vole populations. - Proc. R. Soc. London B 144, S. 68—85; dgl. (1956): The aggressive behaviour of the vole. - Behaviour. 9, S. 1—23; C l o u g h , G. C. (1965a): Lemmings and population problems. - Amer. Scient. 53, S. 199—212; dgl. (1965b): Viability of wild voles. - Ecology 46, S. 119—134; dgl. (1968): Social behavior and ecology of Norwegian lemmings during a population peak and crash. - Medd. Stat. Viltunders. 28, S. 5—50; C o l e , L. C. (1951): Population cycles and random oscillations. - J. Wildl. Man. 15, S. 233—252; C o l l e t t , R. (1878): On *Myodes lemmus* in Norway. - J. Linn. Soc. Zool. 13, S. 327—334; dgl. (1895): *Myodes lemmus*, its habits and migrations in Norway. - Christiania Videnskabs. Forhandl. 3, S. 1—62; dgl. (1911—1912): Norges Pattedyr. I. Kristiania, 744 S.; C o r b e t, G. B. (1966): The terrestrial Mammals of western Europe. London, 264 S.; C r e w , F. A. E., u. L. M i r s k a i a (1930): The effects of density on an adult mouse population. - Biol. Genetics 7, S. 239—250; C r o t c h - D u p p a , W. (1878): On the migrations and habits of the Norwegian Lemming. - J. Linn. Soc. Zool. 13, S. 27—34; C u r r y - L i n d a h l, K. (1948): Längst i nordväst. In: R. A r b m a n u. K. C u r r y - L i n d a h l , Natur i Jämtland. Stockholm, S. 185—197; dgl. (1955): Djuren och människan i svensk natur. Stockholm, 463 S.; dgl. (1956): Biotoper, revir, vandringar och periodicitet hos några smådäggdjur. - Fauna och Flora 41, S. 145—175; dgl. (1957): Nagra djurarters utbredning. Djurgeografi. Atlas över Sverige 45—46, S. 1—8; dgl. (1958a): Djurgeografi, populationsdynamik och nutida fauna-förändringar. - Ymer 78, S. 5—57; dgl. (1958b): Vertebratfaunan i Sareks och Padjelanta fjällområden. - Fauna och Flora 53, S. 39—71, 97—149; dgl. (1959a): Man, predatory animals and the balance of nature. - Bijd. Dierk. 29, S. 75—77; dgl. (1959b): Notes on the ecology and periodicity of some rodents and shrews in Sweden. - Mammalia 23, S. 389—422; dgl. (1960): Lämmelår i fjällen. - Sver. Natur 51, S. 203—207; dgl. (1961a): Conservation and predation problems of birds of prey in Sweden. - Brit. Birds 54, S. 297—306; dgl. (1961b): Fjällämmeln *(Lemmus lemmus)* i Sverige under 1960. - Fauna och Flora 46, S. 1—27; dgl. (1961c): Skogar och djur. Stockholm, 160; dgl. (1962a): Djurens invandring till fjällen. - Sver. Natur 53, S. 59—84; dgl. (1962b): The irruption of the Norway Lemming in Sweden during 1960. - J. Mammal. 43, S. 171—184; dgl. (1963a): Arktis och Tropik. Stockholm, 268 S.; dgl. (1963b u. 1970): Djuren i färg, Däggdjur - Kräldjur - Groddjur. 3. u. 6. Aufl. Stockholm, 203 S.; dgl. (1963c): Djurens invandring till Lappland. In: Natur i Lappland, I. Stockholm, S. 67—82; dgl. (1963d): Lapplands ryggradsdjur. ebd., S. 290—314; dgl. (Hrsg.) (1963e): Natur i Lappland. I—II. Stockholm, 1046 S.; dgl. (1963f) New Theory on a Fabled Exodus. - Nat. Hist. N. York 72, S. 46—53; dgl. (1963g u. 1969): Nordens Djurvärld. Stockholm (3. rev. Aufl. in 2 Bänden 1969, der Berglemming ist ausführlich in Teil 2 auf S. 401—406 behandelt); dgl. (1963h): Taavavuoma och Sautso, fågelland i det svenska Arktis. In: Natur i Lappland. II. Stockholm, S. 962—978; dgl. (1965a): Den mystiska fjällämmeln. - Jakt och Jägare 25, S. 7, 12—15; dgl. (1965b): Europa. Zürich, 307 S.; dgl. (1966a): A lemming cycle in Canada. - Ecology 47, S. 168—169; dgl. (1968): Sarek, Stora Sjöfallet, Padjelanta — drei Nationalparks in Schwedisch Lapland. Stockholm, 159 S.; dgl. (1971): The influence of Food Supply on Animal Populations. - Ecology 52, S. 1133—1134; dgl. (1972): Conservation for Survival. An Ecological Strategy. New York u. London, 335 S.; dgl. (1975): Däggdjur i färg. Alla Europas arter. Stockholm, 307 S.

D a r l i n g , F. F. (1959): The significance of predator — prey relationships in the regulation of animal populations. - Proc. of the XV.th Int. Congr. of Zool. London, S. 62—63; D e g e r b ø l , M., u. U. M ø h l - H a n s e n (1943): Remarks on the breeding conditions and moulting of the collared lemming (D i c r o s t o n y x). — Med. Grønland 131, S. 1—40; D e l o n g , K. T. (1967): Population ecology of feral house mice. - Ecology 48, S. 611—634; D u n a j e v a , T. N. (1948): Comparative survey of the ecology of the tundra voles of the Jamal Peninsula. - Georg. Fil. sowj. Ak. Wiss. 41, S. 78—143

E d i n , G. (1963): Peskehaure. In: K. C u r r y - L i n d a h l , Natur i Lappland. II. Stockholm, S. 555—561; E k m a n , S. (1907): Die Wirbeltiere der arktischen und subarktischen Hochgebirgszone im nördlichsten Schweden. - Naturw. Unters. Sarekgebirg. IV, S. 1—124; dgl. (1920): Der skandinavische Lemming *(Lemmus lemmus)* als Überrest einer interglazialen skandinavischen Fauna. In: Festschrift zur Feier des 60. Geburtstages von Friedrich Z s h o k k e 2, S. 1—12; dgl. (1922): Djurvärldens utbredningshistoria på Skandinaviska halvön. Stockholm, 614 S.; dgl. (1944): Djur i de svenska fjällen. Stockholm, 324 S.; dgl. (1963): Lapplands däggdjurs- och fågelfauna i dess utomskandinaviska sammanhang. In: K. C u r r y - L i n d a h l , Natur i Lappland. I. ebd., S. 315—332; E l l e r m a n , J. R. (1940): The families and genera of living rodents. 1. British Museum (Natural History). London; dgl., u. T. C. S. M o r r i s o n - S c o t t (1951): Checklist of Palearctic and Indian Mammals. British Museum (National History). ebd.; E l t o n , C. (1930): Animal ecology and evolution. Oxford, 96 S.; dgl. (1942): Voles, mice and lemmings. ebd. 496 S.; dgl. (1953): Animal ecology. London, 209 S.; E r r i n g t o n , P. (1946): Predation and vertebrate populations. - Quart. Rev. Biol. 21, S. 144—177, 221—245; dgl. (1954): The special responsiveness of minks to epizootics in muskrat populations. - Ecol. Monogr. 24, S. 377—393; dgl. (1956): Factors limiting higher vertebrate populations. - Science 124, S. 304—307; dgl. (1957): On population cycles and unknowns. - Cold Spring Harb. Symp. Quant. Biol. 22, S. 287—300

Faxén, L. (1951): Nedalen. In: T. Arnborg, u. K. Curry-Lindahl, Natur i Hälsingland och Härjedalen. Stockholm, S. 450—462; Folitarek, S. S. (1943): Der Lemming als wichtiges ökologisches Element der paläarktischen Tundra. Zit.: S. I. Ognev (1950), Die Säugetiere der UdSSR und ihrer Nachbarländer, Bd. 7. Moskau, 559 S. (russ.); Formozov, A. N., u. K. S. Kodachova (1961): Les rongeurs vivant en colonies dans la steppe eurasienne et leur influence sur les sols et la végétation. - Terre Vie 108, S. 116—129; Formozov, N. N. (1961): The significance of snow cover in the ecology and geographical distribution of mammals and birds. In: N. Y. Sveronova, The role of the Snow Cover in Natural Processes. - Inst. georg. Ak. Wiss. (russ.); Frank, F. (1957): The causality of microtine cycles in Germany. - J. Wildl. Man. 21, S. 113—121; dgl. (1962): Zur Biologie des Berglemmings, *Lemmus lemmus* (L.) ein Beitrag zum Lemming-Problem. - Z. Morph. Ökol. Tiere 51, S. 87—164; Fuller, W. A. (1967): Ecologie hivernale des lemmings et fluctuations de leur populations. - Terre Vie 21, S. 97—115; dgl., A. M. Martell, R. F. C. Smith, u. S. W. Speller (1975): High Arctic Lemmings (*Dicrostonys groenlandicus*). I. Natural History Observations. - Canad. Field Natural. 89, S. 223—233; dgl. (1975): High-arctic lemmings, *Dicrostonyx groenlandicus*. II. Demography. - Canad. J. Zool. 53, S. 867—878

Gavin, A. (1945): Notes on mammals observed in the Perry River district, Queen Maud Sea. - J. Mammal. 26, S. 226—230; Gentry, J. B. (1966): Invasions of a one-year abandoned field by *Peromyscus polionotus* and *Mus musculus*. - ebd. 47, S. 431—439; Gould, E., N. C. Negus, u. A. Novick (1964): Evidence for echolocation in shrews. - J. Exp. Zool. 156, S. 19—38

Haftorn, S. (1966): Fjällfauna. Trondheim; Hagen, Y. (1953): De periodiske svingninger i individtallet hos enkelte pattedyr og fuglearter på den nordlige halvkule. - Fauna 6, S. 97—121; dgl. (1956): The irruption of hawk-owls (*Surnia ulula* L.) in Fennoscandia 1950—51. - Sterna 24, S. 1—24; Hainard, R. (1962): Mammifères sauvages d'Europe. II. 2. Aufl. Neuchâtel, 352 S.; Hall, E. R., u. K. R. Kelson (1959): The Mammals of North America. 1—2. New York; Hamilton, W. J. Jr. (1937): The biology of microtine cycles. - J. Agric. Res. 54, S. 777—793; Hanström, B. (Hrsg.) (1960): Djurens Värld. 12, S. 1—528; Hewitt, O. H. (Hrsg.). (1954): Symposium on cycles in animal populations. - J. Wildl. Man. 18, S. 1—112; Hinton, M. A. C. (1926): Monograph of the voles and lemmings (*Microtinae*) living and extinct. British Museum (Natural History). London; Hissa, R. (1964): The postnatal development of Homoiothermy in the Norwegian lemming (*Lemmus lemmus*). - Experientia S. 1—5; dgl. (1968): Postnatal development of thermoregulation in the Norwegian lemming and the golden hamster. - Ann. Zool. Fennici 5, S. 345—383; Höglund, N. H. (1964): Fjällämmel ynglande i december. - Fauna och Flora 59, S. 145—147; Horne, H. (1912): Eine Lemmingpest und eine Meerschweinchenepizootie. Ein Beitrag zur Beleuchtung der Ursachen der Lemmingsterbe in den sogenannten Lemmingjahren. - Zbl. Bakt. Parasitenk. 66, S. 169—193

Kalela, O. (1941): Über die „Lemmingjahre" 1937—38 in Finnisch-Lappland. - Ann. Soc. zool.-bot. Fenn. 8, S. 1—78; dgl. (1949): Über Fjeldlemming-Invasionen und andere irreguläre Tierwanderungen. - ebd. 13, S. 1—90; dgl. (1951): Einige Konsequenzen aus der regionalen Intensitätsvariation im Massenwechsel der Säugetiere und Vögel. - ebd. 14, S. 1—31; dgl. (1954): Über den Revierbesitz bei Vögeln und Säugetieren als populationsökologischer Faktor. - ebd. 16, S. 1—48; dgl. (1957):

Regulation of reproduction rate in subarctic populations of the vole *Clethrionomyx rufocanus* (Sund.). - Ann. Ac. Sci. Fenn. Ser. A. IV. Biol. 34, S. 1—60; dgl. (1961): Seasonal change of habitat in the Norwegian Lemming, *Lemmus lemmus* (L.). - ebd. Ser. A. IV. Biol. 55, S. 1—72; dgl. (1962a): Norwegian lemmings. - Animal Kingdom 65, S. 18—23; dgl. (1962b): On the fluctuations in the numbers of arctic and boreal small rodents as a problem of production biology. - Ann. Ac. Sci. Fenn. Ser. A. IV. Biol. 66, S. 1—38; dgl. (1964): Zum Vergleich der Wanderungen des Wald- und Berglemmings. - Arch. Soc. zool.-bot. „Vanamo" 18. Suppl., S. 81—90; dgl. (1965): Migration og emigration hos Fjeldlemmingen. - Naturens Verd., S. 145—155; dgl. (1970): Movements of the Norwegian lemming (*Lemmus lemmus*) in a year with extremely large populations. Kilpisjärvi Biologische Station, S. 1—5; dgl. (1971): Seasonal trends in the sex ratio of the grey-sided vole, *Clethrionomys rufocanus* (Sund.). - Ann. Zool. Fennici 8, S. 452—455; dgl., L. K i l p e l ä i n e n , T. K o p o n e n, u. J. T a s t (1971): Seasonal differences in habitats of the Norwegian lemming, *Lemmus lemmus* (L.), in 1959 and 1960 at Kilpisjärvi, Finnish Lapland. - Ann. Ac. Sci. Fenn. Ser. A. IV. Biol. 178, S. 1—22; dgl., u. T. K o p o n e n (1971): Food consumption and movements of the Norwegian lemming in areas characterized by isolated fells. - Ann. Zool. Fennici 8, S. 80—84; dgl., dgl., u. M. Y l i - P i e t i l ä (1971): Übersicht über das Vorkommen von Kleinsäugern auf verschiedenen Wald- und Moortypen in Nordfinnland. - Ann. Ac. Sci. Fenn. Ser. A. IV. Biol. 185, S. 1—13; K o c k , L. L. de, u. A. E. R o b i n s o n (1966): Observations on a lemming movement in Jamtland, Sweden, in autumn 1963. - J. Mammal. 47, S. 490—499; K o p o n e n, T., A. K o p o n e n, u. O. K a l e l a (1961): On a case of spring migration in the Norwegian lemming. - Ann. Ac. Sci. Fenn. Ser. A. IV. Biol. 52, S. 1—30; dgl. (1964): The sequence of pelages in the Norwegian lemming, *Lemmus lemmus* (L.). - Arch. Soc. zool.-bot. „Vanamo" 18, S. 260—278; dgl. (1970): Age structure in sedentary and migratory populations of the Norwegian lemming, *Lemmus lemmus* (L.), at Kilpisjärvi in 1960. - Ann. Zool. Fennici 7, S. 141—187; K o s h k i n a, T. V., u. A. S. K h a l a n s k y (1960): Massovoe razmnozenie norvezskich lemmingov na juge Kol'skogo poluostrova. - Bjull. Mosk. Obsč. ispit. prirody, otd. biol. 65 (4), S. 112—114; dgl. (1961): The age variation in the skull of the Norwegian Lemming and the population composition analysis in this species. - ebd. 66 (2), S. 3—14 (russ. mit engl. Zusammenfassung); dgl. (1961): New data on the nutrition habits of the Norwegian lemming. - ebd. 66 (6), S. 15—32 (russ. mit engl. Zusammenfassung); dgl. (1962): On the reproduction of lemming *Lemmus lemmus* on Kola Peninsula. - Zool. Žurn. Moskau 41, S. 604—615 (russ. mit engl. Zusammenfassung); dgl. (1962): Migrations of *Lemmus lemmus*. - ebd. 41, S. 1859—1874; dgl. (1963): The dens and shelters of Norwegian Lemmings. - Bjull. Mosk. Obsč. ispit. prirody 68, S. 16—24 (russ.); K o s k i m i e s, J. (1955): Ultimate causes of cyclic fluctuations in numbers in animal populations. - Pap. Game Res. 15, S. 1—20; K o w a l s k i , K. (1967): The pleistocene extinction of mammals in Europe. In: P. S. M a r t i n, u. H. E. W r i g h t Jr., Pleistocene Extinctions. New Haven u. London, S. 349—364; K r e b s , C. J. (1963a): Cyclic variation in skull-body regressions of lemmings. - Canad. J. Zool. 42, S. 631—643; dgl. (1963b): Lemming cycle at Baker Lake, Canada during 1959—62. - Science 140, S. 674—676; dgl. (1964): The Lemming cycle at Baker Lake, Northwest Territories, during 1959—62. - Arctic Inst. N. Amer. Techn. Pap. 15, S. 1—104; dgl. (1966): Demographic changes in fluctuating populations of *Microtus californicus*. - Ecol. Monogr. 36, S. 239—273; dgl., M. S. G a i n e s, B. L. K e l l e r , J. H. M y e r s, u. D. H. T a m a r i n (1973): Population cycles in small rodents. - Science 179, S. 35—41; K r i v o s h e e v, V. G., u. O. L. R o s s o l i m o (1966): Vnutrividovaia izmenchivost' i sistematika sibirskogo lemminga (*Lemmus sibiricus* Kerr. 1792) palearktiki. - Bjull. Mosk. Obsč. ispit. prirody otd. Biol. 71, S. 5—17; K r u g e r , J. (1579): Wunder Zeitung von Meusen, so in Norwegen aus der Luft auf die Erde und Heusen gefallen. Hamburg

L a c k , D. (1954a): Cyclic mortality. - J. Wildl. Man. 18, S. 25—37; dgl. (1954b): The Natural Regulation of Animal Numbers. Oxford, 343 S.; L a r s s o n , T.—B. (1974): Vinterreproduktion av fjällämmel, *Lemmus lemmus* (L.), i Kebnekaisefjällen 1974. - Fauna och Flora 59, S. 110; L a u c k h a r t , J. B. (1957): Animal cycles and food. - J. Wildl. Man. 21, S. 230—234; L i n d r o t h , C. (1958): Istidsövervintrare bland djuren. - Stat. Nat. Forskningsråds Årsb. 11, S. 134—151; L i n n a e u s , C. (1740): Anmärkning öfver de diuren som sägas komma neder utur skyarna i Norrige. - Kgl. Svenska Vet. Ak. handl., S. 320—325; L l o y d , L. (1854): Scandinavian Adventures. London

M a c L e a n , S. F., B. M. F i t z g e r a l d , u. F. A. P i t e l k a (1974): Population cycles in arctic lemmings: winter reproduction and predation of weasels. - Arctic Alp. Res. 6, S. 1—12; M a c p h e r s o n , A. H. (1966): The abundance of lemmings at Aberdeen Lake, District of Keewatin, 1959—63. - Canad. Field Natural. 80, S. 89—94; M a g n u s , O. (1555): Historia de gentibus Septentrionalibus. Rom; M a h e r , W. J. (1967): Predation by weasels on a winter population of lemmings, Banks Islands, Northwest Territories. - Canad. Field Natural. 81, S. 248—250; dgl. (1970): The Pomarine Jaeger as a brown lemming predator in Northern Alaska. - Wilson Bull. 82, S. 130—157; M a n n i n g , T. H. (1954): Remarks on the reproduction, sex ratio and life expectancy of the Varying Lemming, *Dicrostonyx groenlandicus*, in nature and captivity. - Arctic 7, S. 36—48; dgl. (1956): The northern red-backed Mouse, *Clethrionomys rutilus* (Pallas), in Canada. - Nation. Mus. Canada Bull. 144; M a r c s t r ö m , V. (1966): On the reproduction of the Norwegian lemming, *Lemmus lemmus* L. - Viltrevy 4, S. 311—342; M a r s d e n , W. (1963): The lemming year. - Animals 3, S. 37—39; dgl. (1964): The lemming year. London, 252 S.; M a y r , E., E. L i n s l e y , u. R. L. U s i n g e r (1953): Methods and principles of systematic zoology. New York, 328 S.; M o h r , E. (1950): Beobachtungen an Fjäll- und Waldlemmingen, *Lemmus lemmus* L. und *Myopus schisticolor* (Lilljeborg). - Zool. Anz. 145, S. 126—137; M o r r i s o n , P. R., F. A. R y s e r , u. R. L. S t r e c k e r (1954): Growth and the development of temperature regulation in the tundra redback vole. - J. Mammal. 35, S. 376; M u l l e n , D. A. (1962): Use of physiologic indices in the study of population dynamics of Brown Lemming *Lemmus trimucronatus*. Museum of Vertebrate Zoology, S. 27—30; dgl. (1965): An alternative to the „ultimate factor" hypothesis of population control in microtine mammals. - Amer. Zoolog. 5, S. 700—701; dgl. (1968): Reproduction in Brown Lemmings (*Lemmus trimucronatus*) and its relevance to their cycle of abundance. - Univ. Calif. Publ. Zool. 85, S. 1—24; dgl., u. F. A. P i t e l k a (1972): Efficiency of Winter Scavengers in the Arctic. - Arctic 25, S. 225—231; M u n d a y , K. A. (1961): Aspects of stress phenomena. In Mechanismus in biological competition. - Symp. Soc. Exp. Biol. 15, S. 168—189; M y l l y m ä k i , A., J. A h o , E. A. L i n d , u. J. T a s t (1962): Behaviour and daily activity of the Norwegian Lemming, *Lemmus lemmus* (L.), during autumn migration. - Ann. Soc. zool.-bot. Fenn. 24, S. 1—31; dgl. (1969): Productivity of a free-living population of the field vole, *Microtus agrestis* (L.). In: K. P e t r u s e w i c z , u. L. R y s z k o w s k i , Energy flow through small mammal populations. Warschau, S. 255—265; M y r b e r g e t , S. (1965): Vekslinger i bestandsstørrelsen hos norske smågnagere i årene 1946—60. - Medd. Stat. Viltunders. 19, S. 1—54; M y s t e r u d , L., u. H. D u n k e r (1972): Forplantning av lemen, *Lemmus lemmus,* i barskog 675 m o. h. under opgangsar. - Fauna 25, S. 160—162

Nasimovich, A., G. Novikov, u. O. Semenov-Tjan-Šanskij (1948): The Norwegian lemming: its ecology and role in the nature complex of the Lapland Reserve. In: Materialy po gryzunam 3, S. 203—262 (russ.); Newsome, A. E. (1970): An experimental attempt to produce a mouse plague. - J. Animal Ecol. 39, S. 299—311; Newsome, J., u. D. Chitty (1962): Haemoglobin levels, growth and survival in two *Microtus* populations. - Ecology 43, S. 733—738; Nordberg, J. (1740): Konung Carl den XII:s historia. I—II. Stockholm

Ognev, S. I. (1948): The Mammals of Eastern Europe and Northern Asia. Bd. 6. Moskau, S. 1—559 (russ.); Olin, G. (1938): Études sur l' origine et le mode de propagation de la tularémie en Suède. - Bull. Off. int. Hyg. publ. 30, S. 2804

Palmgren, P. (1949): Some remarks on the short-term fluctuations in the numbers of northern birds and mammals. - Oikos 1, S. 114—121; Pearson, A. (1966): Population Dynamics and Disease. - Proc. R. Soc. Med. 59, S. 55—56; Pearson, O. P. (1966): The prey of carnivores during one cycle of mouse abundance. - J. Animal Ecol. 35, S. 217—233; dgl. (1971): Additional measurements of the impact of carnivores on California voles *(Microtus californicus).* - J. Mammal. 52, S. 41—49; Petrusewicz, K., R. Andrzejewski, G. Bujalska, u. J. Gliwicz (1968): The role of spring, summer and autumn generations in the productivity of a free-living population of *Clethrionomys glareolus* (Schreber, 1780). Institute of Ecology, S. 235—245; dgl., G. Bujalska, R. Andrzejewski, u. J. Gliwicz (1971): Productivity processes in an island population of *Clethrionomys glareolus.* - Ann. Zool. Fennici 8, S. 127—132; Pitelka, F. A., P. Q. Tomich, u. G. W. Treichel (1955a): Ecological relations of jaegers and owls as lemming predators near Barrow, Alaska. - Ecol. Monogr. 25, S. 85—117; dgl. (1955b): Breeding behavior of jaegers and owls near Barrow, Alaska. - Condor 57, S. 3—18; dgl. (1957): Some Aspects of Population Structure in the Short-Term Cycle of the Brown Lemming in Northern Alaska. - Cold Spring Harb. Symp. Quant. Biol. 22, S. 237—251; dgl. (1958): Some characteristics of microtine cycles in the Arctic. 18th Biology Colloquium of the Oregon State University, S. 73—88; dgl. (1959): Population studies of lemmings and lemming predators in Northern Alaska. - Proc. of the XVth Int. Congr. Zool., S. 757—759; dgl. (1964): The nutrient recovery hypothesis for arctic microtine cycles. I. Introduction. In: D. J. Crisp, Grazing in Terrestrial and Marine Environments. Symp. Nr. 4 of the Brit. Ecol. Soc., S. 55—56; dgl. (1972): Cycle pattern in lemming populations near Barrow, Alaska. - Proc. of the 1972 Tundra Biome Symp., S. 132—135; dgl. (1973): Cyclic Pattern in Lemming Populations near Barrow, Alaska. - Arctic Inst. N. Amer. Techn. Pap. 25, S. 199—215

Quay, W. B. (1960a): The endocrine organs of the collared lemming *(Dicrostonyx)* in captivity under diverse temperature and light conditions. - J. Morphol. 107, S. 25—45; dgl. (1960b): The reproductive organs of the collared lemming under diverse temperature and light conditions. - J. Mammal. 41, S. 74—89

Rahmann, H., T. Kock, u. M. Rahmann (1963): Beobachtungen zum mittel-skandinavischen Lemmingvorkommen im Herbst 1963. - Säugetierk. Mitt. 13, S. 23—25; Rausch, R. (1950): Observations on the cyclic decline of lemmings *(Lemmus)* on the Arctic coast of Alaska during the spring of 1949. - Arctic 3, S.

166—177; dgl. (1953): On the status of some arctic mammals. - ebd. 6, S. 91—148; R a u s c h, R. L., u. V. R. R a u s c h (1975): Taxonomy and zoogeography of Lemmus spp. (Rodentia: Arvicolinae) with notes on laboratory reared lemmings. - Z. Säugetierk. 40, S. 8—31; R e n d a h l, H. (1942): Über die Biologie des Lemmings. - Veröff. dtsch. wiss. Inst. Kopenhagen 8, S. 1—24; R o s e n b e r g, E. (1963): Kring Vittangijärvi. In: K. C u r r y - L i n d a h l, Natur i Lappland. II. Stockholm, S. 850—867

S a l k i o, V. (1958): Tunturisopulin *(Lemmus lemmus)* vaellusnopeudesta. - Luonnon Tutkija 62, S. 149; S c h e f f e r u s, J. (1673): Lapponia. Frankfurt/Main; S c h u l t z, A. M. (1966): The nutrient-recovery hypothesis for arctic microtine cycles. In: D. J. C r i s p, Grazing in Terrestrial and Marine Environments. Oxford, S. 57—68; S d o b n i k o v, V. M. (1957): Lämlarna i norra Tajmyrs förhållanden. - Arktiska Inst. Verk. 205, S. 109—126 (russ.); S h e l f o r d, V. E. (1943): The abundance of the collared lemming *(Dicrostonyx groenlandicus* [Tr.] var. *Richardsoni* Mer.) in the Churchill area, 1929 to 1940. - Ecology 24, S. 472—484; S h u b i n, N. G., u. N. G. S u c h k o v a (1973): Winter reproduction of *Muridae* in West Siberia. - Zool. žurn. Moskau 52, S. 790—791 (russ. mit engl. Zusammenfassung); S i d o r o w i c z, J. (1960): Problems of the Morphology and Zoogeography of Representatives of the Genus *Lemmus* Link 1795 from the Palaearctic. - Acta Theriol. 4, S. 53—80; dgl. (1964): Comparison of the Morphology of Representatives of the Genus *Lemmus* Link, 1795 from Alaska and the Palearctic. - ebd. 8, S. 217—226; S i i v o n e n, L. (1948): Structure of short-cyclic fluctuations in numbers of mammals and birds in the northern parts of the northern hemisphere. - Pap. Game Res. 1, S. 1—166; dgl. (1950): Some observations on the short-term fluctuations in numbers of mammals and birds in the sphere of the northernwest Atlantic. - ebd. 4, S. 1—31; dgl. (1954): Some essential features of short-term population fluctuation. - J. Wildl. Man. 18, S. 38—45; dgl., u. J. K o s k i m i e s (1955): Population fluctuations and the lunar cycle. - Pap. Game Res. 14, S. 1—22; dgl. (1957): The problem of short-term fluctuations in numbers of tetraonids in Europe. - ebd. 19, S. 1—44; dgl. (1976): Nordeuropas däggdjur. 2. Aufl. Stockholm, 192 S.; S i m p s o n, G. G. (1961): Principles of animal taxonomy. - Columbia Biol. Ser. 20, S. 1—247; S o k o l o v, N. N., B. N. S i d o r o v, N. I. D a m i l o, u. G. A. D m u t r i j e v a (1957): Ökologische Fragen bezüglich der sibirischen Lemminge und der Halsbandlemminge. - Filiale in Jakutsk der sowjetischen Akademie der Wissenschaften, Botanik, Zoologie, Agronomie. Sitzung, 8, S. 157—177 (russ.); S t o d d a r t, D. U. (1967): A note on the food of the Norway Lemming. - J. Zool. 15, S. 211—213; S u o m a l a i n e n, E. W. (1912): Ornithologische Beobachtungen während einer Reise nach Lapponia Enontekiensis im Sommer 1909. - Acta Soc. Fauna Flora Fennica 37, S. 1—74; S u t t o n, G. M., u. W. J. H a m i l t o n Jr. (1932): The mammals of Southampton Island. - Mem. Carnegie Mus. 12, S. 1—111; S v a r c, S. S., V. N. B o l s a k o v, V. G. O l e n e v, u. O. A. P j a s t o l o v a (1969): Population dynamics of rodents from northern and mountainous geographical zones. In: K. P e t r u s e w i c z, u. L. R y s z o w k i, Energy flow through small populations. Warschau, S. 205—220

T a s t, J., u. O. K a l e l a (1971): Comparisons between rodent cycles and plant production in Finnish Lapland.- Ann. Ac. Sci. Fenn. Ser. A. IV. Biol. 186, S. 1—14; T h i e l e, H. U. (1965): Neue Beobachtungen zum Rätsel der Lemmingwanderungen. - Naturw. Rdsch. 18, S. 156—157; T h j ø t t a, T. (1930): Three cases of Tularemia a disease hitherto not diagnosed in Norway. - Avh. Ak. Oslo, Math.-Nat. 1, S.

1—16; dgl. (1931): Fortsatte iakttagelser over tularemiens forekomst i Norge. - Norsk Mag. Laegevidensk. 92, S. 32—39; T h o m p s o n , D. Q. (1954): Ecology of the lemmings. Unveröff. Ber. Arctic Inst. N. Amer., 64 S.; dgl. (1955a): The ecology and population dynamics of the brown lemming *(Lemmus trimucronatus)* at Point Barrow, Alaska. Univ. of Missouri, 138 S.; dgl. (1955b): The role of food and cover in population fluctuations of the brown lemming at Point Barrow, Alaska. - Trans. N. Amer. Wildl. Conf. 20, S. 166—176; dgl. (1955c): The 1953 lemming emigration at Point Barrow, Alaska. - Arctic 8, S. 37—45; T i k k o m i r o v , B. A. (1959): Relationship of the animal world and the plant cover of the tundra. - Bot. Inst. Ak. Wiss. USSR, 104 S. (russ.); T u r n e r , C. D. (1960): General endocrinology. Philadelphia, 511 S.

W a t s o n , A. (1956): Ecological notes on the lemmings *Lemmus trimucronatus* and *Dicrostonyx groenlandicus* in Baffin Island. - J. Animal Ecol. 25, S. 289—302; dgl. (1957): The behaviour, breeding and ecology of the Snowy owl. - Ibis 99, S. 419—462; dgl. (Hrsg.) (1970): Animal populations in relation to their food resources. Oxford u. Edinburgh, 477 S.; dgl., u. R. M o s s (1970): Dominance, spacing behaviour and aggression in relation to population limitation in vertebrates. In: A. W a t s o n , Animal populations in relation to their food resources. Oxford u. Edinburgh, S. 167—218; W e s s l é n , S. (1941): Då rovdjuret vakar. Stockholm, 180 S.; W i l d h a g e n , A. (1949): Om variasjonene i bestanden av smågnagere i Norge 1927—1946. Saertrykk av Skogdirektørens Årsmelding 1943—1947, S. 1—8; dgl. (1952): Om vekslingene i bestanden av smågnagere i Norge 1871—1949. Drammen, 192 S.; dgl. (1953): On the reproduction of voles and lemming in Norway. - Stat. Viltunders., S. 5—45; W i n g , L. W. (1957): Time chart measurements of Norwegian lemming and rodent cycles. - J. Cycle Res. 6, S. 3—15; dgl. (1961): The 3.864 year lemming cycle and latitudinal passage in temperature. - ebd. 10, S. 59—70; W o r m i u s , O. (1653): Historia Animalis. Kopenhagen; W y n n e - E d w a r d s , V. C. (1962): Animal Dispersion in relation to Social Behaviour. Edinburgh u. London; dgl. (1968): Population control and social selection in animals. In: D. E. G l a s s , Biology and Behaviour Series: Genetics. New York, S. 143—163; dgl. (1970): Feedback from food resources to population regulation. In: A. W a t s o n , Animal populations in relation to their food resources. Oxford u. Edinburgh, S. 413—427

Z i e g l e r , J. (1532): Quae intus continentur. Strasburg

19. Register

Aberglaube 8
Abführung 49
Abwehrstellung 28
Adrenalin 123f.
-produktion 102
Äußere Kennzeichen 30
Aggressivität 14, 49ff., 55, 78, 93
Aktivität 42
Alaska 10
Alter 70
Amerikanischer Lemming 111
Analkontrolle 62
Anfallsprung 55
Arealverschiebung 87, 94
Artendifferenzierung 13
Ausbreitung 16
Auslese 31

Bär 41, 111
Ballen 31
Bartkauz 41, 108
Baumgrenze 34, 38, 86
Bergheiden 34, 84, 88, 92
Bestandsregulierung 123
Bevölkerungsdichte 72
-schwankungen 67ff., 91, 116
Bewegung 43
Biomasse 72
Biotope 17ff., 34ff., 72
Birkenwaldregion 15, 23, 24, 25, 35, 37, 39, 84, 88, 97, 100
Brandmaus 60
Brauner Lemming 12, 13, 14, 58, 59, 64, 71, 92, 95, 99, 100, 102, 114, 116, 118, 120, 123
Braunmoos 57

Chromosomen 14

Drohgebärden 74
-stellung 50

Echoorientierung 79
Eisfuchs 41, 56, 98, 100, 110, 111, 113, 119
Eiszeiten 16
Eiszeitüberwinterung 15ff., 29

Elster 41, 110
Emigration 73
endokrine Störungen 96, 101, 102
Epidemien 100, 120
Epizootien 96, 100
Erdmaus 14, 41, 71, 74, 96, 107, 118, 122, 124
Ernährung 56ff.
Eskimos 10
Essen 44
Eulen 7, 95, 98, 108ff.
Exkremente 49

Falkenraubmöwe 7, 22, 56, 98, 109
Farbzeichnung 31
Feinddruck 41, 68, 69, 98, 108, 116, 119, 120
Feinde 41, 74, 97, 98f., 119f.
Feldmaus 60
Fichten 40
Flechten 57
-zone 34, 36ff., 76
Fledermaus 80
Fortpflanzung 36
-fähigkeit 68
-potential 58ff.
-quote 98
-tätigkeit 85
-zeit 61, 63f.
Fossilfunde 15f., 29
Frequenzrhythmus 112
-schwankungen 112
Fressen 43
Frühjahrswanderung 27, 73, 75ff.
Fuchs 41, 95, 98
Futtermenge 57
-suche 44

Gangsystem 36, 46ff.
Gelbhalsmaus 74
Gerfalke 41, 108
Geruchssinn 79
Geschlechterverhältnis 66
Geschlechtsreife 58, 60f., 66, 122
Geschwindigkeit 44
Gesichtssinn 79

137

Gewicht 33, 66
giftig 8
Goldhamster 80
Grabetätigkeit 14, 36, 43, 46
Gradation des Berglemmings 67ff.
Grasratte 71
Grauhamster 16
Graurötelmaus 40, 43, 44, 60, 72, 74, 95, 102, 107, 108, 109, 110, 118, 123
Greifvögel 7, 32, 43, 95, 98, 108ff., 113
Grönland 10
Größe 66

Haarwechsel 32
Habicht 41
Habichtskauz 41, 108
Halsbandlemming 16, 32, 34, 35, 46, 59, 92, 96, 99, 102, 116, 118, 123, 124
Hasen 101
Hausmaus 71, 74, 122, 123
Hautdrüsen 33
Herbstregen 117
-wanderung 42, 77f., 79
Hermelin 41, 55, 69, 98, 110, 120
Hinterfuß 31
Hitze 42
-wellen 96, 100
Höchstalter 96
Höhenverbreitung 34
Hormonelle Veränderungen 102
Hybriden 14
Hypothalamus 96

Intoleranz 93, 101

Jugendentwicklung 26, 66
Junge 50, 54
Jungenanzahl 64ff.

Kälteperioden 117
Kahlschläge 40
Kalifornische Wühlmaus 122
Kampf 53f.
-intentionen 88
Kannibalismus 58, 100
Kiefern 40
Klettern 44
Klimatische Faktoren 117ff.
Klimaschwankungen 118
Körpergröße 14, 33
-temperatur 33

Kolkrabe 41, 108, 111
Komfortbewegungen 44
Konkurrenz 69
Kopulation 33, 62
Kornweihe 41, 108
Kosmische Faktoren 117ff.
Krähe 41, 55
Krähenbeere 21
Krallen 31, 32
Krankheiten 91, 97, 116, 120ff.
Krebs 121
Kreuzungen 14
Kulturgeschichte 9f.

Länge der Wanderzüge 90
Langwanderungen 81, 82, 90, 91, 93
Laubwaldregionen 37
Laute 33, 50, 51, 52, 62
Lebensgewohnheiten 43
Legenden 8
Lemminge 114
Lemmingjahr 7, 113ff.
-statistik 113ff.
Losungshaufen 46
Luchs 41, 111

Mäusebussard 41
Marder 41
Massenvorkommen 67ff.
-wanderungen 80f., 82, 88ff.
Mauswiesel 41, 56, 69, 98, 110, 111, 113, 120
Merlin 108
Meteorologische Faktoren 117ff.
Milieuvorteil 31
Mink 41
Mittelalter 9
Mittelmeerfeldmaus 123
Mondzyklus 111, 118
Moose 56, 57
Mutation 31

Nachtaktivität 43
Nadelwaldregionen 15, 24, 25, 35, 37, 40, 84, 88, 97, 100
Nährstoffgehalt 122
Nahrung 56ff., 73, 121f.
-mangel 91, 92, 97, 112
-pflanzen 118
-qualität 97, 121f.
-quantität 121f.

-vorrat 116, 121
-zusammensetzung 57
Nasenkontrolle 28, 54, 62
Nebelkrähe 108, 110
Nest 46, 85
-eingang 48
Neusibirischer Lemming 13, 33
Nordische Wühlmaus 41

Ökotypen 30
Ohren 33
Orientierung 78f.
Ortswechsel 72ff.

Paarung 53
-verhalten 62
Parasiten 121
Periodizität 67, 91, 111ff., 114
Perlziesel 71
Pflanzengesellschaften 37f., 39, 76
-regionen 37
Physiologie 33
physiologische Steuerung 123
— Störungen 116
— Veränderungen 101, 123f.
Pilze 57
Polarbirkenzeisig 19
-fuchs 95
-rötelmaus 14, 40, 44, 107
Populationsausbruch 70, 114, 119, 121
-austausch 94
-dichte 54, 71, 122ff.
-dynamik 58
-frequenz 54
-gründung 87
-kollaps 119
-regulierung 95
-spitzen 86
-zusammenbruch 95, 96, 97, 99, 111, 114
Pseudotuberkulose 96
Psychologische Faktoren 101
Psychosen 91
Putzen 44

Raben 7
Raubmöwe 41
Raubtiere 32, 41, 43, 95, 98, 108ff.
Raubwürger 7, 41, 56, 98, 108, 111
Rauhfußbussard 19, 41, 95, 99, 108, 111
Rauhfußkauz 41, 108
Rentier 72, 113
Reproduktionsfähigkeit 102
-frequenz 122

-potential 94, 121
-rhythmus 64
Revier 53
-besetzung 54
Richtungswanderung 87
Rötelmaus 7, 41
Roter Steinbrech 34
Rotfuchs 56, 100, 110
Ruhelage 43

Saisonwanderungen 36, 42, 64, 82, 83, 88, 91, 93, 119
Schädelgröße 14
Schermaus 40
Schlupfwinkel 43
Schneedecke 31, 36, 69, 79, 117
Eule 17, 41, 98, 108, 109, 111
-huhn 43, 113
-schmelze 117
Schutz 43
-möglichkeiten 46, 54, 93, 125
-wirkung 55
Schwanzlänge 33
Schwimmen 45, 79, 89
Seeregenpfeifer 34
Seggen 25, 56
Selbständigwerden 66
Selbstregulierungstheorie 123f.
Sibirischer Lemming 12, 13, 16, 46, 59
Siebenschläfer 79
Silbermöwen 7, 41, 108, 109
Sommerbiotope 27, 35, 38, 77
-nest 46, 48
-pelz 32
-quartier 57, 73, 76
-reproduktion 64, 70
-würfe 65
Sonnenflecken 118
Soziale Beziehungen 52ff.
Spatelraubmöwe 99
Sperber 41
Sperbereule 41, 98, 108, 110
Sperlingskauz 41
Sphagnum 56
Spitzmausarten 80
Spornammer 43
Steinadler 41, 108
Störungen 50f.
Stoffwechsel 33
Strandmaus 74, 122
Streß 43, 93, 96, 101, 116, 122 f., 123f.

Sturmmöwe 7, 41, 108, 109
Sumpfohreule 41, 108, 110, 111
Systematik 11f., 29

Tauchen 45
Tauwetterperioden 69
Taxonomie 11ff.
Temperatur 31
Thermoregulation 33
Tiergeographie 29
Tollwut 8
Torfmoore 40
-moos 56, 57
Trächtigkeit 54, 63
trinken 44
Tularämie 96, 101
Turmfalke 41, 95, 111, 118

Überschwemmung 100, 117
Übervölkerung 89, 91, 92, 123
Überwinterung 40
Überwinterungsgebiet 36
Uhu 41, 108, 111
Umweltfaktoren 116
Unglückshäher 41

Verbreitung 11, 12, 14f., 29
Verbreitungsgebiete 87
Verhältnis zwischen Geschlechtern 54
Verhalten 40f., 42f.
Verluste 74
Verstecke 46
Verwandtschaft 11
Vielfraß 41, 111
Vorderfuß 31, 32
Vorratshaltung 58
Vorzugsgebiete 73
-nahrung 56f.

Wachstum 61
Waldohreule 41
-lemming 41, 60, 108
-maus 60
-wühlmaus 44, 71, 79, 108, 123
Wanderdistanz 90
-geschwindigkeit 90
-ratte 79
Wanderung 74f.
Wanderzeit 77, 88
-züge 42, 78, 91, 119
Wasseranpassung 45
Weidenzone 20, 21, 22, 27, 34, 38f., 76, 84
Werbung 33, 52
Wetterkatastrophen 99
-veränderungen 122
-verhältnisse 116, 117
Wiesel 95, 98, 119
Wiesenwühlmaus 123
Winterbiotope 35, 37f., 39, 49
-nest 46, 47f.
-pelz 32
-quartiere 40, 57, 73, 77
-reproduktion 59, 64, 65f., 68f.
Wohnkammer 48
Wolf 19, 41, 56, 111, 113
Wollgras 25
Wollhaariges Läusekraut 34
Wühlmaus 58, 71, 99, 101, 102, 115, 124
Wurfanzahl 63, 64ff.
-größe 65f.
-zeiten 63

Zahnwale 80
Zeitpunkt der Wanderungen 42
Zwergstrauchheide 20, 21
Zwillingsnester 48

kosmos

DAS MAGAZIN FÜR DIE NATUR

kosmos

E 10392 E
MÄRZ
1994
DM 9,–
SFR 9,–
ÖS 72,–
DVA

3

Kostenloses Probeheft anfordern !

Mit kosmos erleben Sie die Natur jeden Monat neu. Mit spannenden Berichten aus der Natur in der Nähe und mit abenteuerlichen Reportagen aus der ganzen Welt. Lesen Sie den neuen kosmos regelmäßig, und Sie lernen die Natur kennen. Überraschende Geschichten und faszinierende Bilder machen jedes einzelne Heft von kosmos interessant. Alle Ausgaben zusammen sind eine umfangreiche Sammlung über die Themen der Natur.

sraum Bromelienblüte

Queensland
Australiens „Sonnenstaat" bietet tropischen Regenwald und bunte Korallenriffe

Worpswede
Besuchen Sie mit kosmos das berühmte Dorf der Maler

kosmos Leser-Service, Postfach 10 60 12, 70049 Stuttgart